中等职业学校教学用书（计算机技术专业）

Excel 2003 案例教程

谭建伟　主　编

王建民　史玉良　张　明　张怡青　副主编

電子工業出版社

Publishing House of Electronics Industry

北京 • BEIJING

内 容 简 介

本书以满足职业学校相关课程的教学为基础，以提高读者使用电子表格的技能为目的，旨在帮助读者全面了解 Excel 的基础理论，熟练掌握 Excel 的基本操作技巧，并能广泛地应用到实际的工作中。

书中首先讲解 Excel 的基本操作，使读者能够利用电子表格工具完成日常办公工作，然后逐渐深入，帮助读者提高综合、安全应用电子表格的能力，以达到高效、安全使用电子表格的最终目的。

本书是学习 Excel 的专门教材，适合职业学校、各类培训班和自学者使用。

图书在版编目（CIP）数据

Excel 2003 案例教程 / 谭建伟主编．—北京：电子工业出版社，2011.3
中等职业学校教学用书．计算机技术专业
ISBN 978-7-121-13145-5

Ⅰ．①E… Ⅱ．①谭… Ⅲ．①电子表格系统，Excel 2003—中等专业专业学校—教材 Ⅳ．①TP391.13

中国版本图书馆 CIP 数据核字（2011）第 046623 号

策划编辑：关雅莉
责任编辑：郝黎明　　　　特约编辑：赵海红　李云霞
印　　刷：北京天宇星印刷厂
装　　订：北京天宇星印刷厂
出版发行：电子工业出版社
　　　　　北京市海淀区万寿路 173 信箱　邮编　100036
开　　本：787×1 092　1/16　印张：9.75　字数：250 千字
印　　次：2022 年 3 月第 9 次印刷
定　　价：18.00 元

凡所购买电子工业出版社图书有缺损问题，请向购买书店调换。若书店售缺，请与本社发行部联系，联系及邮购电话：（010）88254888，88258888。

质量投诉请发邮件至 zlts@phei.com.cn，盗版侵权举报请发邮件至 dbqq@phei.com.cn。

本书咨询联系方式：（010）88254617，luomn@phei.com.cn。

前　言

Excel 2003 是办公集成套装软件 Office 2003 中重要的应用程序之一，是功能十分完善的电子表格处理软件。对于 Excel 这样一个专门的办公工具来说，掌握其基本应用是对学习者的简单要求，因此，本书以“基本应用是基点，兼顾综合、深度应用”为基本编写原则。本书采用任务引领、案例教学的方法，突出职业教育的特点，争取做到学习内容与社会应用的无缝对接。书中的操作讲解以完成任务为主线，从基本操作开始逐步过渡到复杂问题的处理，操作技术的讲解和实例相关联，但不拘泥于目标实例，给读者留出思考拓展的空间。

书中内容按实际应用层次划分，彼此相对独立，又互为依存，形成完整有序的递进关系，照顾不同层次读者的需要。本书以满足职业学校相关课程教学为基础，以提高学生使用电子表格的技能为目的，旨在帮助学生全面了解 Excel 的基础知识，熟练掌握使用电子表格帮助工作的技巧。

全书共分 9 章，第 1 章主要介绍 Excel 2003 的基础知识，帮助读者全面认识 Excel，奠定深入学习的基础；第 2 章主要讲解制作常用电子表格的操作方法，帮助读者掌握表格编辑的基本技能；第 3 章主要介绍表格数据的计算技巧，帮助读者提高表格计算的工作效率，高效完成表格数据的计算任务；第 4 章主要介绍创建图表操作，帮助读者学会将平面数据转化成图形，提高表格数据的表现力；第 5 章主要介绍管理电子表格数据的方法，帮助读者高效应用表格数据；第 6 章介绍电子表格的打印操作，帮助读者以最优方式将电子表格转换成纸质文档；第 7 章主要介绍提高表格应用效率的方法，帮助读者学会共享工作簿和跨工作簿计算；第 8 章主要介绍表格应用中的安全问题，帮助读者安全使用电子表格；第 9 章主要介绍图形图片应用，帮助读者制作图文表并保存表格文档。

本书的每一章都由若干个任务组成，完成任务的知识铺垫包含在知识链接中，读者可以在开始任务前阅读，也可以在完成任务过程中或完成任务后阅读。书中每章都包含任务拓展的内容，它既是学习任务的延伸，也是实际应用学习的拓展，有时间和精力的读者最好能够将其完成。

在全书的每一个任务中都包含以下几个部分。

任务描述：任务学习的导入部分，用于提出任务，明确任务目标。

任务分析：提出完成任务的操作内容，明确完成任务的操作过程。

任务操作：任务实现的具体过程，根据任务要求逐步操作，完成目标任务。

任务小结：对任务进行总结，需要时对一些没有涉及的内容进行简单拓展。

本书由谭建伟任主编，王建民、史玉良、张明、张怡青任副主编，参加本书编写的还有连慧萍、于妍、韩忠、尚震，全书由谭建伟统稿。

由于作者的水平有限，书中不足之处敬请读者予以批评指正。

编　者

目录

第1章 认识 Excel 2003

Excel 2003 是办公集成套装软件 Office 2003 中重要的应用程序之一，是功能十分完善的电子表格处理软件。使用 Excel 2003 不仅可以制作出各种精美的表格，还可以对表格中的数据进行分析或把表格数据图表化。Excel 2003 卓越的数据处理能力，使其成为提高办公效率的得力工具，被广泛应用于财务、统计、行政管理、办公自动化等多个领域。

任务1 进入、退出 Excel 2003

进入 Excel 2003 操作环境是制作电子表格的前提，退出 Excel 2003 操作环境是结束表格操作的标志，因此，掌握正确进入、退出 Excel 2003 操作环境的方法，是学习制作电子表格的重要基础。

任务描述

Excel 2003 是个功能强大的电子表格处理软件，使用它可以很好地解决工作、生活中的许多问题。在学习 Excel 2003 操作的过程中，需要解决的第一个问题就是正确启动和退出 Excel 2003。

任务分析

Excel 2003 是 Office 2003 的重要组件，因此，进入、退出 Excel 2003 的方法与进入、退出其他 Office 2003 组件的方法相似，可以在使用其他组件时借用。本学习任务较为单一，可以考虑分解为以下过程：

学习启动、退出 Excel 2003 的操作方法；

理解启动、退出操作对应用 Excel 2003 的影响。

任务操作

1．启动、退出 Excel 2003

（1）单击 Windows“开始”按钮，打开“开始”菜单。

（2）在“开始”菜单中，执行“程序”→“Microsoft Office”→“Microsoft Office Excel 2003”命令，即可启动 Excel 2003。启动后显示的 Excel 2003 操作窗口如图 1-1 所示。

（3）完成表格编辑操作后，应该及时退出 Excel 2003，以释放它占用的系统资源。单击 Excel 2003 主窗口的“关闭”按钮，或选择“文件”菜单项中的“退出”选项，或按【Alt+F4】组合键都可以退出 Excel 2003。

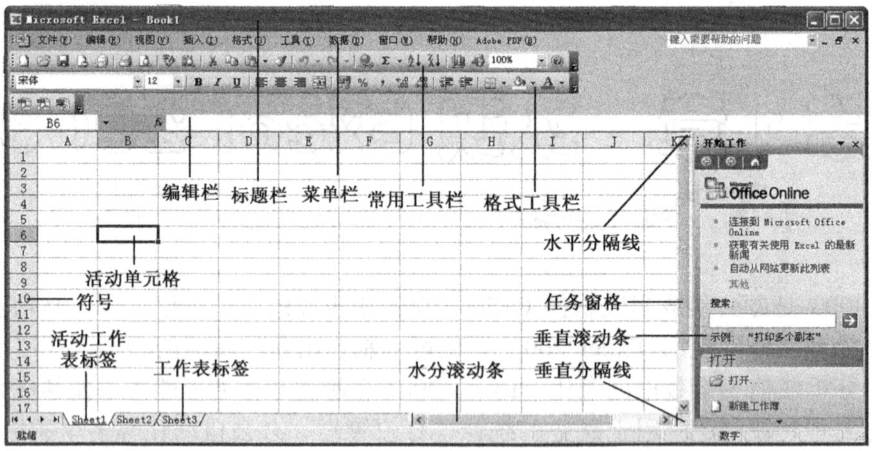

图 1-1　Excel 2003 操作窗口

2．思考并回答以下问题

（1）启动 Excel 2003 与启动其他应用软件有何异同点？

（2）非正常退出 Excel 2003 操作环境可能引起什么问题？

任务小结

启动应用软件是使用软件的开始，退出应用软件标志着使用结束，不掌握启动应用软件的方法，就不可能利用应用软件来帮助工作。除了使用“开始”菜单中的“程序”选项启动 Excel 2003 外，用户也可以双击桌面的 Excel 2003 快捷图标，或双击 Excel 2003 文档图标启动。之所以双击 Excel 2003 文档图标也可以启动 Excel 应用程序，是因为文档和应用程序进行了关联，在 Windows 环境中的许多应用程序都提供关联功能。相对于启动而言，许多人认为退出操作似乎就没有那么重要，其实不然，正确退出应用程序不但是释放系统资源的需要，也是减少应用程序出现故障的基础。因此，启动、退出操作虽然简单，但必须予以重视，对待任何应用程序都要在结束操作后正确退出。

任务 2　了解 Excel 2003 操作界面

操作窗口是用户使用 Excel 2003 的第一界面，也是制作电子表格的工作环境，因此，只有全面了解操作窗口的基本组成，掌握工具和命令的使用方法，才可能高效率地完成办公任务。

任务描述

Excel 2003 的操作窗口由标题栏、菜单栏、工具栏、编辑栏、任务窗格及状态栏等部分组成，如图 1-1 所示。了解操作窗口各部分的作用是学习 Excel 2003 的基础，更是熟练编辑电子表格的前提，完成本学习任务后，用户会对 Excel 2003 操作窗口有全面、深入的了解。

任务分析

Excel 2003 操作窗口由多个部分组成，每一部分有不同的作用。为了全面认识操作窗口，可以按从上到下的顺序，将学习任务分解为以下过程：

认识标题栏；

认识菜单栏；

认识工具栏；

认识编辑栏和名称框；

认识工作区；

认识任务窗格；

认识状态栏。

任务操作

1. 认识标题栏

标题栏主要用于显示当前正在编辑的电子表格名称。在“Microsoft Excel-”后边的名称即为当前正在编辑的电子表格名称，如果是新建工作簿，系统自动给定文件名为“Book1”，以后再创建新的工作簿，则文件名依次为“Book2”、“Book3”……；如果装入磁盘上已有的文档或是改过名的文档，该处则显示实际的文件名。标题栏右端是窗口控制按钮，从左至右依次为窗口最小化按钮、窗口还原/最大化按钮、窗口关闭按钮。

2. 认识菜单栏

Excel 2003 提供的所有功能都可以通过执行菜单栏上各菜单项中的菜单命令或对话框中的命令来实现。菜单项共 9 组，打开的方法有以下两种。

① 使用鼠标：移动鼠标指针指向要打开的菜单项，单击鼠标左键，打开下拉菜单，然后单击要执行的菜单命令。

② 使用键盘：按【Alt】键激活菜单项，按菜单项后面小括号中标注的字母键，打开下拉菜单，然后使用上、下方向键（【↑】、【↓】）选择菜单命令并按【Enter】键执行，或者按菜单命令后面小括号中标注的字母键执行该菜单命令。菜单项被激活后，按左、右方向键（【←】、【→】）可进行选择。

有些常用的菜单命令后面标注有快捷键，如“打开”命令右端的【Ctrl+O】、“保存”命令右端的【Ctrl+S】等。凡标注有快捷键的菜单命令，可不打开菜单项而直接使用快捷键执行菜单命令。

Excel 2003 菜单项的下拉菜单为智能折叠式菜单，通常屏幕仅显示最常用的菜单命令，如果要得到完整的菜单命令，可将鼠标指针指向菜单栏中的菜单项并停留片刻，或单击下拉菜单底部的双折线，如图 1-2 所示。用户若选择了折叠起来的菜单命令，则该命令会自动上升一个级别，出现在常用菜单命令中，用户下次操作可直接从中进行选取。

菜单栏的右边有“问题”输入框，用户在制作、编辑表格过程中遇到操作上的难题，可以随时在这个输入框中输入问题关键字，Excel 2003 会列出相关的内容供用户查阅。

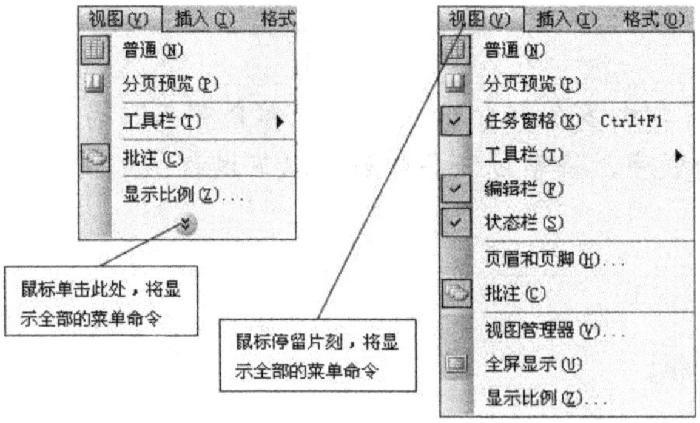

图 1-2　折叠菜单项示例

3．认识工具栏

工具栏以图标形式集合 Excel 最常用的菜单命令。每一个图标被称为一个工具按钮，当鼠标指针指向这些按钮时，其下方显示该按钮的名称。单击工具按钮可执行相应的操作命令，效果与选择菜单栏中的相同命令一样。

Excel 工具栏有固定工具栏和浮动工具栏两种形式，其中固定工具栏指放置在文档窗口四周的条形工具栏；浮动工具栏指浮动在文档窗口任意位置、带有标题栏的工具栏。使用鼠标拖动可以改变工具栏的位置、外观及形式。

一般情况下 Excel 只显示常用工具栏和格式工具栏，Excel 2003 常用工具栏如图 1-3 所示。

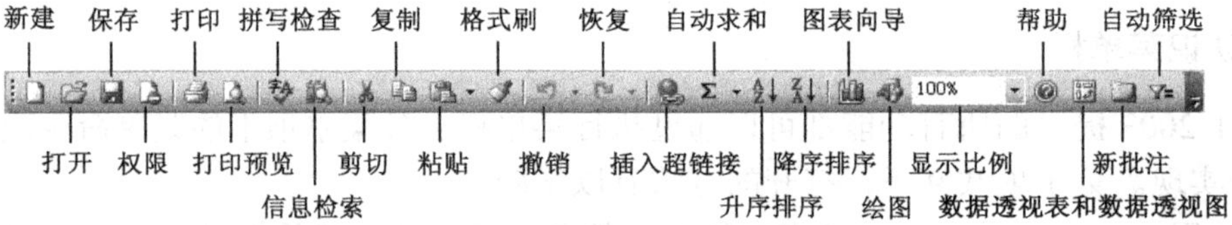

图 1-3　Excel 2003 常用工具栏

格式工具栏也是工具栏中的一种，用于设置文字格式，如字形、字体等，Excel 2003 格式工具栏如图 1-4 所示。

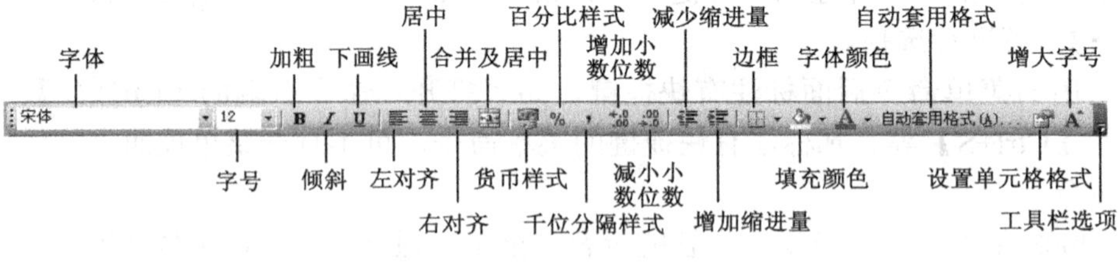

图 1-4　Excel 2003 格式工具栏

4．认识编辑栏和名称框

编辑栏和名称框用于指示工作簿中当前活动单元格的单元格引用和存储的数据。它由名称框、按钮工具和编辑栏 3 部分组成，如图 1-5 所示。

图 1-5 编辑栏和名称框

名称框用于显示当前活动单元格的单元格引用。在“插入函数”按钮后面的文本框是编辑栏，在编辑栏中可以输入或编辑数据，被编辑的数据同时在当前活动的单元格中显示，编辑栏最多允许输入 32767 个字符。在编辑栏中输入数据或双击单元格，将显示“取消”按钮和“输入”按钮。

5. 认识工作区

工作区也就是一个工作簿窗口，包括工作簿名、行号、列标、滚动条、工作表标签、工作表标签滚动条、窗口水平分隔线、窗口垂直分隔线等。

工作簿中包含多张工作表，工作表的行和列交汇构成的方格称为单元格，单元格是基本的存储单元。鼠标指针指向一个单元格，单击左键，则此单元格将成为当前活动单元格。工作表标签用于显示工作表的名称，单击工作表标签可以实现工作表之间的切换。工作表标签分隔线可以增加或减少工作表标签在屏幕上的显示数目。水平、垂直分隔线可以将工作簿窗口在水平或垂直方向划分为两个窗口。

6. 认识任务窗格

任务窗格为用户提供了在编辑电子表格过程中常用操作的一系列快捷组合链接，使用户能够高效地完成常规任务。任务窗格显示在文档窗口的右侧，在完成某些最常用的任务时出现。用户可以在需要时，通过执行“视图”菜单项中的“任务窗格”命令打开或关闭任务窗格，或单击任务窗格中的“关闭”按钮关闭任务窗格，扩展文档窗口的显示范围。

Excel 2003 中有“新建工作簿”、“剪贴板”、“共享工作区”等 11 个任务窗格，用户可以在这 11 个任务窗格之间进行切换，如图 1-6 所示。任务窗格切换的操作过程如下：

（1）单击任务窗格右上角的“其他任务窗格”按钮，打开“其他任务窗格”下拉菜单。

（2）鼠标指向所选任务窗格的标题，单击左键，打开相应的任务窗格。

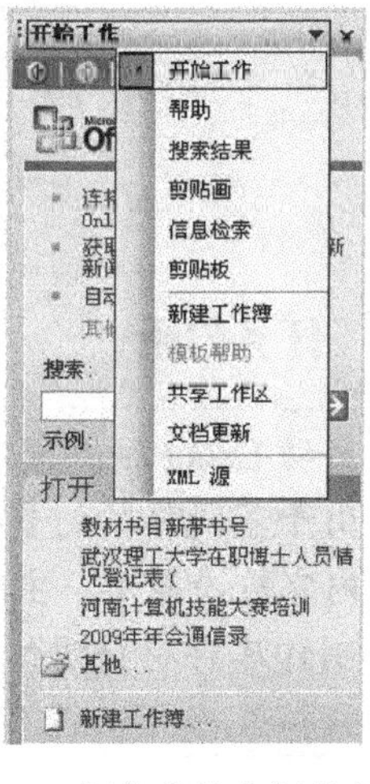

图 1-6 任务窗格之间的切换

7. 认识状态栏

状态栏用于显示当前工作状态或进行操作提示。状态栏分为两个部分，前一部分指示工作状态，显示“就绪”，表示 Excel 2003 程序准备就绪，可以进行各种操作；后一部分显示设置状态。

8. 思考并回答以下问题

（1）观察在操作窗口中，还有哪些内容在以上的讲解中没有涉及？它们分别有什么作用？

（2）如何改变工具栏中的内容？

任务小结

Excel 操作窗口是用户制作电子表格的操作环境，了解并掌握其中的主要功能才能顺利完成制表任务。菜单栏和工具栏提供了制表操作可能用到的所有命令，由于空间有限，显示在工具栏中的多是常用工具，若其中内容不能满足制表需要，可单击工具栏的“工具栏选项”下拉按钮，在“添加或删除按钮”菜单中选择添加。

工作簿可以包含多张工作表，默认情况下有 3 个工作表，分别为 Sheet1、Sheet2、Sheet3，在“选项”对话框的“常规”选项卡中可以更改新建工作簿内的工作表数。任务窗格可以一直显示在操作窗口，也可以在需要时显示，使用它能够高效率地完成某些专门的任务。

完成本学习任务仅是初步认识了 Excel 操作窗口的基本组成，了解了其中的部分功能，具体命令和工具的使用方法需要在以后的实际操作中逐渐学习。

任务 3　制作简单的 Excel 2003 表格

认识了 Excel 2003 的基本操作界面，不妨尝试使用 Excel 2003 制作最简单的电子表格，进而形成本章学习的直观成果。

任务描述

计算机公司材料库中材料的项目、品种繁多、数量变更很快，用纸质表格管理很麻烦。小张负责装机部的工作，材料管理自然是重要的工作内容，为了便于动态管理，他将传统的纸质材料明细表格变成了电子表格。小张制作的电子表格如样例 1-1 所示。

样例 1-1:

	A	B	C	D	E	F
1	库存材料					
2	编号	名称	型号	入库数量	库存数量	单价
3	1	CPU	P4 2.8C	100	46	1320
4	2		P4 3.0C	100	35	1480
5	3		P4 2.8E	100	52	1375
6	4		P4 3.0E	100	58	1390
7	5	主板	856PE-A	90	52	600
8	6		856PEN	100	46	530
9	7		8IPE1000	80	40	670

任务分析

启动 Excel 后，窗口显示一个空白工作簿，在空白工作簿的工作表上可以制作表格。若要制作用于不同目的的多个表格，需要使用多张工作表或创建多个工作簿。样例 1-1 表格的格式、内容较为简单，主要操作仅涉及汉字和数字输入，因此学习任务可以分解为以下过程：

制作库存材料明细表；

分析表格存在的问题，提出改进方法。

任务操作

1．制作库存材料明细表

（1）启动 Excel 2003。

（2）执行“文件”→“新建”命令，打开“新建工作簿”任务窗格，如图 1-7 所示。

（3）单击“新建”选项中的“空白工作簿”链接点，新建一个空白工作簿。

（4）鼠标指针指向 A1 单元格，单击左键，选中 A1 单元格。

（5）选择自己熟悉的输入法，输入“库存材料”。

（6）分别选中相应的单元格，并输入样例 1-1 表格中的文字或数字。

（7）执行“文件”→“保存”命令，打开“另存为”对话框，如图 1-8 所示。

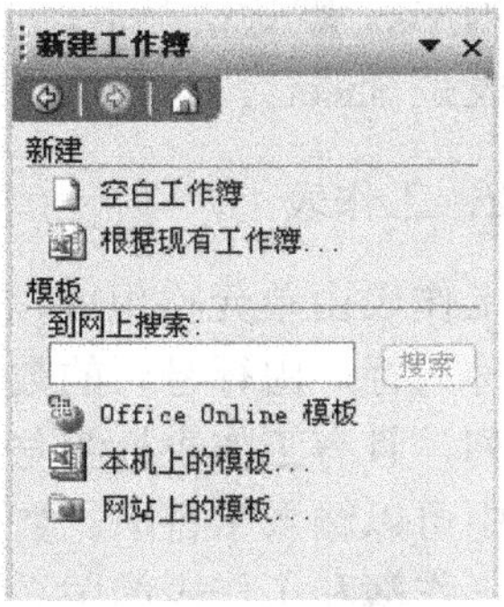

图 1-7　“新建工作簿”任务窗格

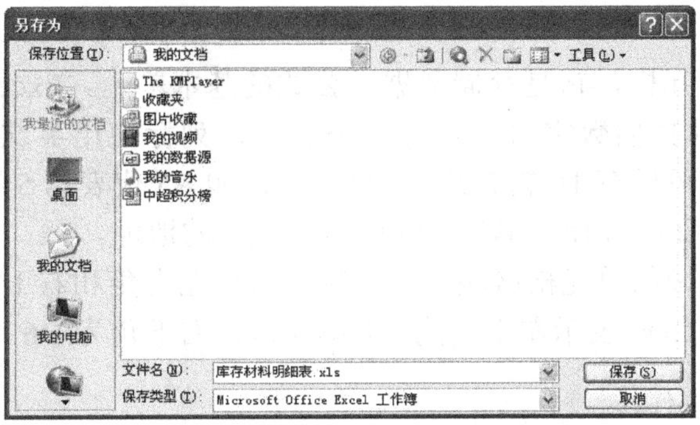

图 1-8　“另存为”对话框

（8）在“文件名”文本输入框中输入文件名“库存材料明细表.xls”，选择保存位置，单击“保存”按钮，新建工作簿将在指定位置保存。

2. 思考并回答以下问题

（1）小张制作的库存材料明细表存在哪些问题？

（2）解决这些问题存在哪些障碍？

任务小结

通常情况下制作电子表格需要创建一个空白工作簿，然后在工作簿中的工作表上填写数据。若需要 3 个以上的工作表时，可以调整新建工作簿的工作表数，也可以执行“插入”→“工作表”命令，插入多个新的工作表。

如果用户编辑的工作簿从未存过盘，第一次执行“保存”命令存盘时，会打开“另存为”对话框；如果是存过盘的文件，执行“保存”命令则不会出现“另存为”对话框，而是直接以当前文件名存盘。保存文件时应注意选择保存位置，养成有序管理文件的好习惯。

知识链接

1. 工作簿

Excel 中的文档就是工作簿，一个工作簿由一个或多个工作表组成，因此可以使用工作表管理多种类型的数据。启动 Excel 后，显示名称为“Book1”的工作簿，工作簿文件的扩展名为.xls。默认情况下，工作簿由 3 个工作表组成，即 Sheet1、Sheet2、Sheet3，当前活动工作表是 Sheet1。

2．工作表

工作表由单元格组成，其纵向称为列，由列标区的字母分别命名（A、B、C……），其横向称为行，由行号区的数字分别命名（1、2、3……）。每张工作表最多可以有 65536 行和 256 列，且有工作表标签与之对应，单击工作表标签，相应的工作表就显示在屏幕上。在工作表中可以输入字符串、数字、公式等信息，也可以存放图形、图像、图表等内容。

工作簿和工作表的关系与账簿和账页的关系类似，账簿由许多账页组成，账页用于描述一段时间的账目，账簿则用于显示更长时间的账目。

3．单元格

行与列交叉形成单元格，它是存储数据、公式的基本单元。Excel 用列标、行号表示某个单元格，行号使用阿拉伯数字 1、2、3……表示，列标使用英文字母 A、B、C……表示，一个工作表中最多可以有 16 777 216 个单元格，如 B5 代表第 5 行第 B 列的单元格，第 9 行第 8 列的单元格则命名为 H9，B5、H9 就是单元格的地址。

如果要表示一个连续的单元格区域，可以用该区域左上角和右下角单元格表示，两地址中间用冒号分隔，如 A1:D6 表示左上角为 A1 单元格，右下角为 D6 单元格的矩形区域。

4．单元格的基本操作

1）选定单元格

使用鼠标：将鼠标指针指向某个单元格，单击鼠标左键可将其选定。被选定的单元格被粗线框包围，相应的行号数字和列标字母突出显示，如图 1-9 所示。

将鼠标指针指向某个单元格，按住鼠标左键不放，沿对角线拖动鼠标至另一个单元格，松开鼠标左键，可选定连续的单元格区域。被选定的单元格区域反白显示，该区域的第一个单元格正常显示，表明它是当前活动单元格。单击工作表中的任意单元格，可取消选择。

使用名称框：在名称框中输入要选定的单元格或单元格区域的名称，按【Enter】键，可以选定指定单元格或单元格区域，输入 B2:D4 选定的单元格区域如图 1-10 所示。

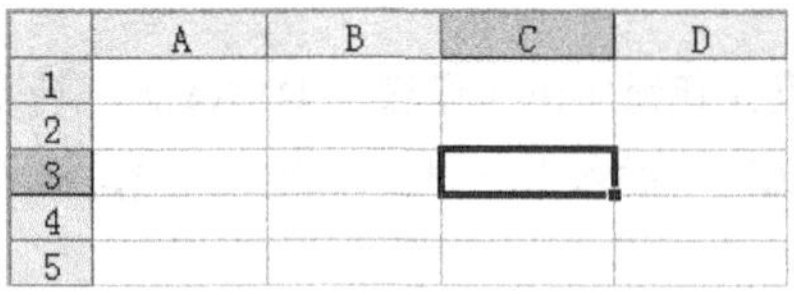

图 1-9　选定某个单元格

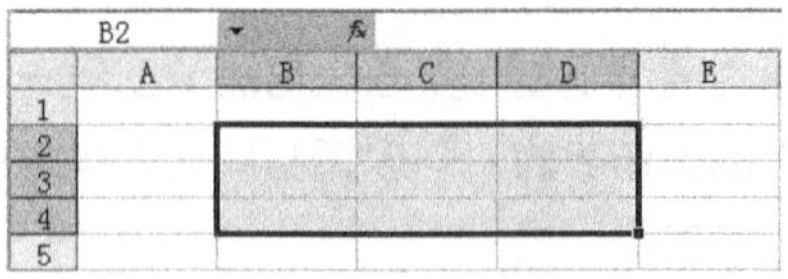

图 1-10　选定单元格区域

2）选定整行或整列

在工作表中，单击行号或列标，可以选定相应的整行或整列。

3）选定整个工作表

单击工作表左上角的“选定整个工作表”按钮，可以选定整个工作表。

4）选定不连续的单元格区域

选定一个单元格区域后，按住【Ctrl】键，单击需要选择的单元格或拖动选择单元格区域。选择多个不连续的单元格时，选定的单元格会反白显示，最后选定区域中的第一个单元格是当前活动单元格。

5. 输入文本

选定一个活动单元格，直接使用键盘输入文字，输入的文本也会显示在编辑栏中。输入过程中如果发现错误，按【Backspace】键可以删除插入点光标左侧的字符。完成输入操作后，按【Enter】键或单击编辑栏中的“输入”按钮，可结束输入操作。在输入时想取消本次操作，可按【Esc】键或单击编辑栏中的“取消”按钮。

如果将数字当作字符串输入，需要在输入项前添加单引号（'），如输入手机号码 1553785****，实际输入为“'1553785****”。在默认情况下，单元格中的文本左对齐。Excel 2003 中的一个单元格可以容纳 32767 个字符，而只能显示 1024 个字符，编辑栏则可以显示全部 32767 个字符。

6. 输入数字

输入数字与输入文本的方法相同，默认情况下，数字右对齐。Excel 2003 对数字输入有以下特殊规定：

（1）可以在数字中包含逗号，如“12,561,212”。

（2）数值项中的单个句点作小数点处理。

（3）数字前的正号可以忽略。

（4）负数前加减号或用圆括号括起来，如输入“–256”与“(256)”的结果都是在单元格中显示“–256”。

（5）当数字的长度超过单元格的宽度时，自动使用科学计数法表示输入的数字，如输入“1234567890000”，单元格中会显示“1.23456E+12”。

7. 输入日期

在单元格中输入可识别的日期数据时，单元格的格式自动从“通用”格式转换为“日期”格式。Excel 2003 可以识别多种形式的日期格式，如 2010 年 8 月 7 日、2010–8–7、8–7–10、二〇一〇年八月七日、二〇一〇年八月、八月七日等。

输入日期时，可先输入数字 1～12 作为月份（或输入月份的英文单词），然后输入“/”或“–”进行分隔，再输入日、年，如 7/18/2010。如果省略年份，则以系统当前年份作为默认值。

按【Ctrl+;】组合键，可以在单元格中插入当前日期，日期在单元格中右对齐。如果在单元格中输入了系统不能识别的格式，输入内容会被视为文本，在单元格中左对齐。

8. 输入时间

时间可以采用 12 或 24 小时制表示，时、分、秒之间用冒号分隔，Excel 2003 能识别的时间格式有 13:30、1:30 PM、13:30:50、13 时 30 分 50 秒、下午一时三十分等多种形式。如果按 12 小时制输入时间，系统一般会把输入的时间当作上午时间，需要特别表示上午或下午时，在时间后输入空格和“AM”或“PM”（或“A”、“P”）。

9．单元格中的数据编辑

1）修改单元格中的数据

修改单元格中数据的方法有两种，一种方法是选中需要修改数据的单元格后，直接在数据编辑栏中修改数据；另一种方法是双击需要修改数据的单元格，直接在单元格中进行修改，修改完毕后，按【Enter】键完成修改，若按【Esc】键则取消修改。

2）删除单元格中的数据

删除单元格或单元格区域中的数据时，首先需要选中相应的单元格或单元格区域，然后按【Delete】键，或执行“编辑”→“清除”→“内容”命令，或单击鼠标右键，在弹出的快捷菜单中选择“清除内容”选项。

以上操作只能删除数据，要连同单元格格式一并删除，需要在选中对象后执行“编辑”→“清除”→“全部”命令。

3）移动或复制单元格中的数据

使用鼠标拖动可以在同一个工作表中移动或复制单元格中的数据，具体操作如下：

① 选定要移动或复制的单元格。

② 将鼠标指针指向单元格边框，当鼠标指针变成四向箭头时，按住鼠标左键拖动至目标单元格，可以移动单元格中的数据。同时按住【Ctrl】键和鼠标左键拖动至目标单元格，可以将选定单元格中的数据复制到目标单元格中。

提示：在不同工作表中移动或复制单元格数据时，需要先执行“编辑”菜单项中的“剪切”或“复制”命令，然后切换工作表，执行“粘贴”命令。

10．工作簿属性

Excel 提供的摘要功能可以记录一些工作簿的特殊信息，如标题、作者、公司、类别、关键词等内容，不但方便后续检索，同时也为文件管理提供了便利。建立工作簿摘要信息的操作如下：

（1）执行“文件”→“属性”命令，打开“属性”对话框，如图 1-11 所示。

（2）选择“摘要”选项卡，其项目的用途说明如表 1-1 所示，在相应的文本框中输入与工作簿有关的内容。

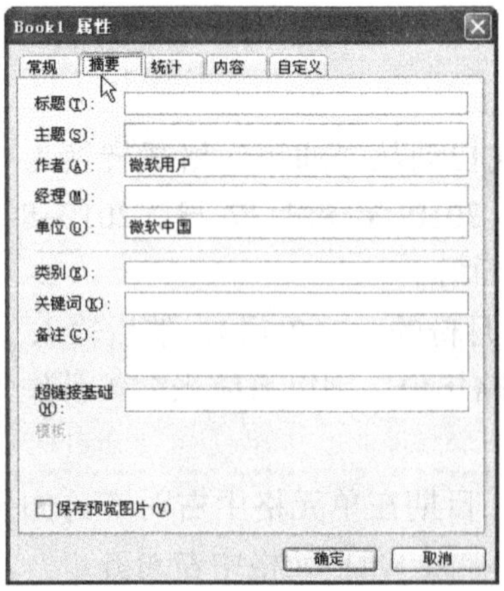

图 1-11 “属性”对话框

表 1-1 “摘要”选项卡项目的用途说明

项目	用途说明
标题	可输入工作簿的标题
主题	可简单描述工作簿的用途
作者	自动出现系统设定的作者姓名，也可以输入实际创建工作簿作者姓名
经理	可以输入单位主管的姓名
单位	会自动出现安装 Excel 时设定的单位名称，可以更改为实际的单位名称
类别	输入工作簿的分类类别
关键词	输入工作簿中的重要词汇
备注	可以输入备注说明
超链接基础	输入用于插入与当前文件基本地址相同的所有超级链接的路径或 URL
保存预览图片	选中此项，执行“文件”→“打开”命令，可以预览文件的第一页画面

任务拓展　自定义工具栏和菜单项

工具栏和菜单栏是 Excel 方便用户操作而设置的命令集合环境，试想，用户若能针对自己特定的工作，组合形成需要的命令集合环境，操作效率必然明显提高。

任务描述

使用系统提供的工具和菜单命令，小张制作出了简单的电子表格，同时他发现了影响操作效率的关键问题。操作中使用的工具或菜单命令，可能在不同的工具栏或菜单项中，来回切换查找很麻烦，若能将自己常用的工具放在一个工具栏中则可以解决操作效率低的问题。

任务分析

工具栏和菜单项是两个不同的操作命令集合环境，要生成满足小张需要的快捷操作命令集合，需要分别新建工具栏和菜单项。因此，任务操作可以被分解为以下过程：

自定义工具栏；

自定义菜单项。

任务操作

1. 自定义工具栏

（1）执行“视图”→“工具栏”→“自定义”命令，打开“自定义”对话框，如图 1-12 所示。

（2）选中“工具栏”选项卡，单击“新建”按钮，打开“新建工具栏”对话框，如图 1-13 所示。

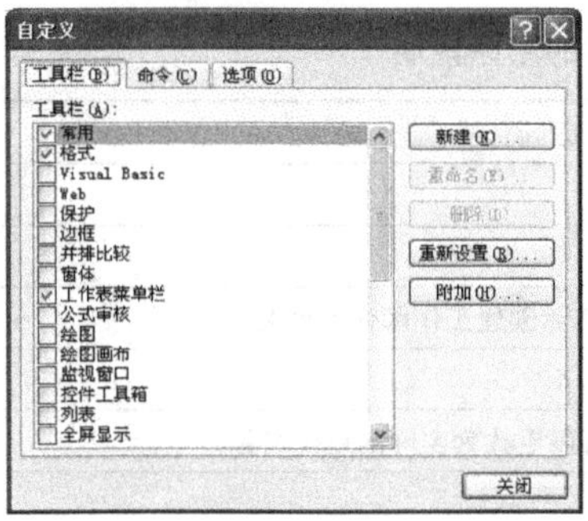

图 1-12 “自定义”对话框

图 1-13 “新建工具栏”对话框

（3）在“工具栏名称”文本框中，输入新建工具栏的名称，如“张骞专用”，单击“确定”按钮，“工具栏”列表的最下方会显示新添加工具栏的名称，操作窗口出现添加的空白浮动工具栏，如图 1-14 所示。

（4）在“自定义”对话框中选择“命令”选项卡，选中“类别”列表中的命令项，显示该类中的所有命令，如图 1-15 所示。

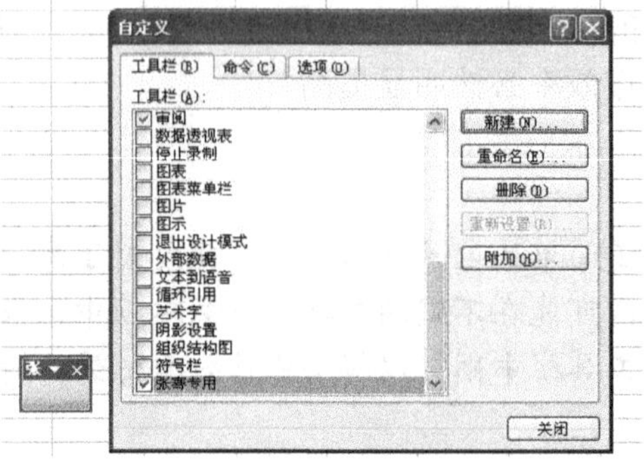

图 1-14 新建工具栏

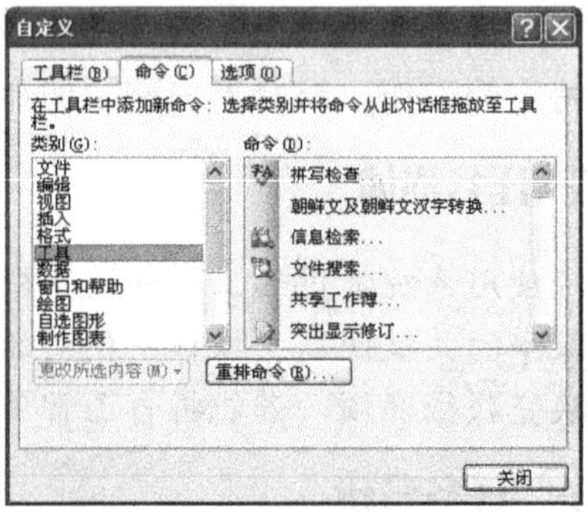

图 1-15 “命令”选项卡

（5）在“命令”列表中找到需要的命令按钮图标，将鼠标指针指向该图标，按住鼠标左键不放，拖拽图标至新添加的工具栏中，放开鼠标左键，工具栏中会添加一个工具按钮。

（6）重复步骤（4）、（5）的操作，将需要的工具按钮全部添加至个人工具栏中，如图 1-16 所示。

图 1-16 新建工具栏显示添加工具按钮

2. 自定义菜单项

（1）在“自定义”对话框中选择“命令”选项卡，选中“类别”列表中的“新菜单”选项，此时“命令”列表中出现“新菜单”选项，如图 1-17 所示。

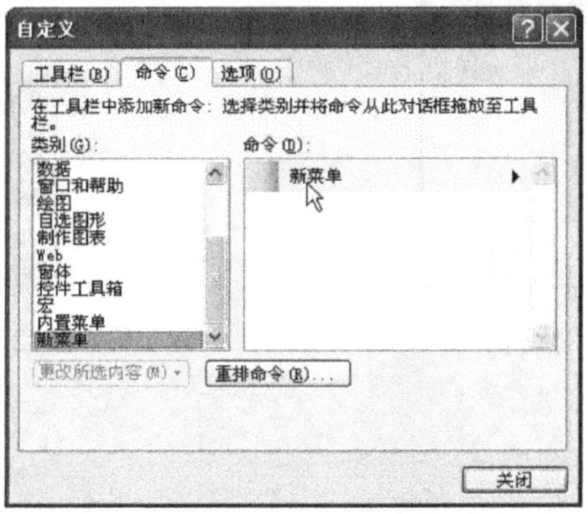

图 1-17 “命令”列表显示“新菜单”选项

（2）将“命令”列表中的“新菜单”拖拽到菜单栏中，菜单栏将显示添加的“新菜单”项，如图 1-18 所示。

图 1-18 菜单栏添加的“新菜单”项

（3）右键单击菜单栏中的“新菜单”项，弹出快捷菜单，在“命名”位置输入新添加菜单项的名称，如“图表混排工具”，如图 1-19 所示。

（4）在“自定义”对话框中，单击“重排命令”按钮，打开“重排命令”对话框，如图 1-20 所示。

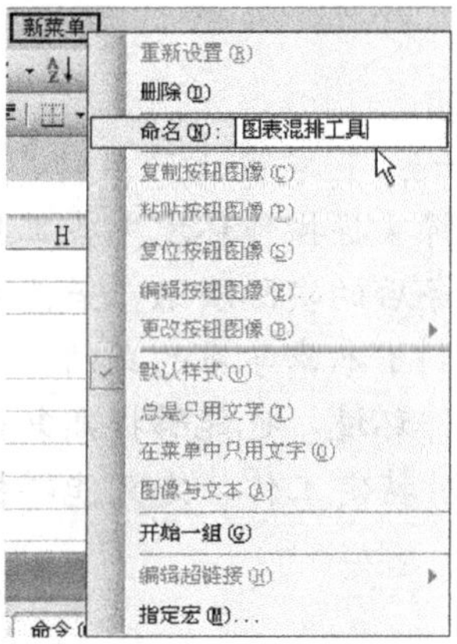

图 1-19 重命名“新菜单”项

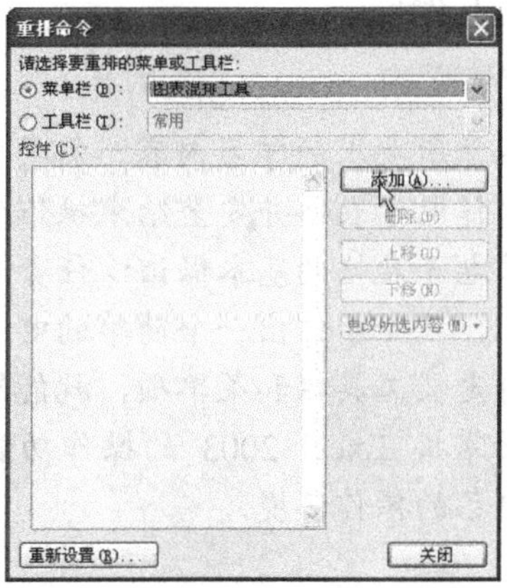

图 1-20 “重排命令”对话框

（5）选中“菜单栏”单选按钮，在右侧的下拉列表中选择“图表混排工具”，单击“添加”按钮，打开“添加命令”对话框，如图 1-21 所示。

（6）在“类别”列表中选择命令项，使相应命令显示在“命令”列表中。在“命令”列表中选中添加至菜单项的命令，单击“确定”按钮，选中的命令将被添加到菜单项中。

（7）重复步骤（4）～（6）的操作，将需要的命令全部添加至新增菜单项中，如图 1-22 所示。

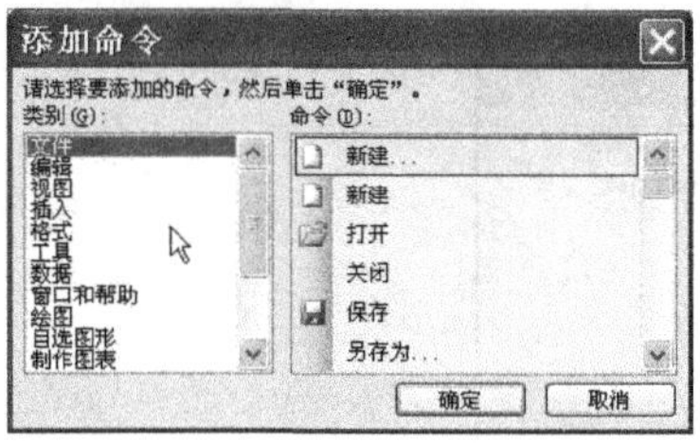

图 1-21 “添加命令”对话框

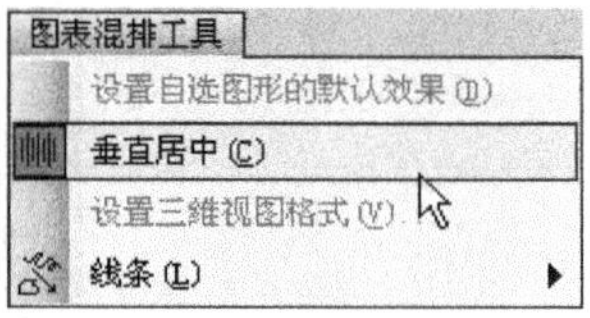

图 1-22 菜单项中显示添加命令

3．思考并回答以下问题

（1）能够在系统给定的工具栏中添加工具按钮吗？

（2）如何删除自定义的工具栏、菜单项或新添加工具？

任务小结

创建自己的工具栏和菜单项的目的是为了提高操作效率，因此，在创建工具栏或菜单项之前，首先要明确操作对象需要的具体命令，判断更适合的类型是工具按钮还是菜单命令，然后才能有针对性地将其添加到新建的工具栏或菜单项中。自定义工具栏需要在创建工具栏后，逐一将工具按钮拖拽至工具栏中，而自定义菜单项则是在创建新的菜单项后，逐一将选中的菜单命令添加至菜单项中。若想删除工具按钮或菜单命令，需要打开“自定义”对话框，然后删除相应内容。具备调整工具栏和菜单项的能力是高效率完成制表工作的基础。

本章小结

掌握本章所要求的学习内容，需要完成 3 个任务。任务 1 学会正确启动、退出 Excel 2003，是制作电子表格并安全结束操作的基础；任务 2 熟练掌握操作环境中各工具的使用，是高效制作电子表格的基本保证；任务 3 是完成前两个任务后的实际演练，若能在任务 3 学习的基础上，独立制作出一个简单的电子表格，说明已达到了本章学习的目的。

学会自定义工具栏和菜单项，就能够打造个性化的操作环境，也能够提高复杂操作的效率。在全面掌握 Excel 2003 的操作功能后，可以考虑针对特定工作，定义能够提高工作效率、适合自己的操作环境。

习题 1

1．选择题

（1）启动 Excel 2003 的方法有__________。

A．执行“程序”菜单项中的“Microsoft Office Excel 2003”命令

B．使用桌面上的 Excel 快捷图标

C．双击 Excel 2003 文档

D．单击 Excel 2003 文档

（2）正确退出 Excel 2003 的方法有＿＿＿＿＿。

A．单击 Excel 2003 主窗口的“关闭”按钮

B．执行“文件”菜单项中的“退出”命令

C．按【Alt+F4】组合键

D．执行“文件”菜单项中的“关闭”命令

（3）Excel 2003 系统定义的菜单项共有＿＿＿＿＿组。

A．7　　B．8　　C．9　　D．10

（4）用户可以通过执行“＿＿＿＿＿”菜单项中的“任务窗格”命令打开或关闭任务窗格。

A．工具　　B．视图　　C．插入　　D．格式

（5）C6 代表第＿＿＿＿＿行，第＿＿＿＿＿列的单元格。

A．C，6　　B．3，6　　C．6，C　　D．6，3

2．判断题

（1）Excel 2003 系统默认的工作簿由 3 个工作表组成。　（　　）

（2）任务窗格在完成某些最常用的任务时出现。　（　　）

（3）使用鼠标拖动不可以改变工具栏的位置、外观及形式。　（　　）

（4）菜单项可以自定义，其中的命令不可以自定义。　（　　）

（5）单元格的行和列均可以用字母标注。　（　　）

3．操作题

（1）如课程表样例所示制作简单的课程表，完成后保存在“我的文档”中，文件名为“练习 1-1”。

课程表样例：

	A	B	C	D	E	F	G	H
1	课程表							
2		星期一	星期二	星期三	星期四	星期五	星期六	星期日
3	1	语文	数学	物理	数学	英语	选修	
4	2	语文	数学	物理	数学	英语	选修	
5	3	数学	物理	语文	英语	语文	选修	
6	4	数学	物理	语文	英语	语文	选修	
7	5	物理	化学	体育	化学	体育	选修	
8	6	物理	化学	体育	化学	体育	选修	
9	7	自习	自习	自习	自习	自习		
10								

（2）如通信录样例所示制作同学通信录，完成后保存在“我的文档”中，文件名为“练习 1-2”。

通信录样例：

	A	B	C	D	E	F
1	通信录					
2		姓名	性别	联系电话	QQ	
3	1	王伟	男	152267522	5262125	
4	2	张强	男	122167822	4141402	
5	3	刘逸飞	女	568257000	3212335	
6	4	文稳	女	654321699	2217800	
7	5	王杰	男	372121765	1235673	
8						

第2章 制作常用的电子表格

制作电子表格需要输入大量的文字和数据，若遇到多个基本数据雷同的表格，重复输入既麻烦又降低工作效率，最好的办法就是首先建立管理对象的基本数据资料文档，然后在此基础上根据需要形成工作需要的各种表格。

对创建的电子表格进行必要的修饰，使表格主题鲜明、风格独特、外观靓丽，是对使用电子表格的进一步追求。通过表格的格式化操作，可以美化表格，制作出多种样式精美的电子表格。

任务1 导入外部数据

Excel 2003 允许导入文本、Access 等文件中的数据，以实现电子表格与外部数据共享，进一步提高办公数据的使用效率，降低重复输入数据的工作强度。

任务描述

每个单位都有人事基本信息，这些信息是工资管理、档案管理的基本资料，如何充分利用这些数据为后续管理工作服务，是表格用户普遍关心的问题，解决这一问题也是提高制作电子表格工作效率的基础。因此，将尽可能多的现有数据导入 Excel 表格，是电子表格应用者必须学习的基本技能。

任务分析

在 Excel 中共享文本文件、Access 中的数据，需要进入 Excel 操作环境，并使用专门命令导入数据，导入不同的数据文件有不同的操作方法和过程。因此，任务操作可以分解为以下过程：

导入文本文件中的数据；

导入 Access 数据库中的数据表；

导入 XML 文件。

任务操作

1. 导入文本文件中的数据

（1）启动 Excel，打开空白工作簿。

（2）执行“数据”→“导入外部数据”→“导入数据”命令，打开“选取数据源”对话框，如图 2-1 所示。

（3）查找并选中保存基本数据的文本文件后，单击“打开”按钮，打开“文本导入向导–3 步骤之 1”对话框，如图 2-2 所示。

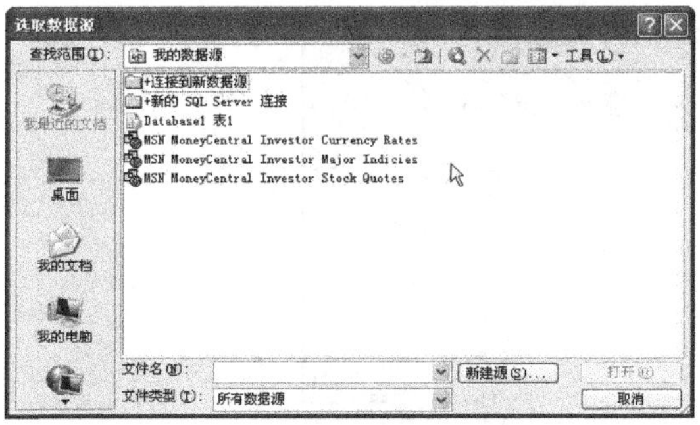

图 2-1 “选取数据源”对话框

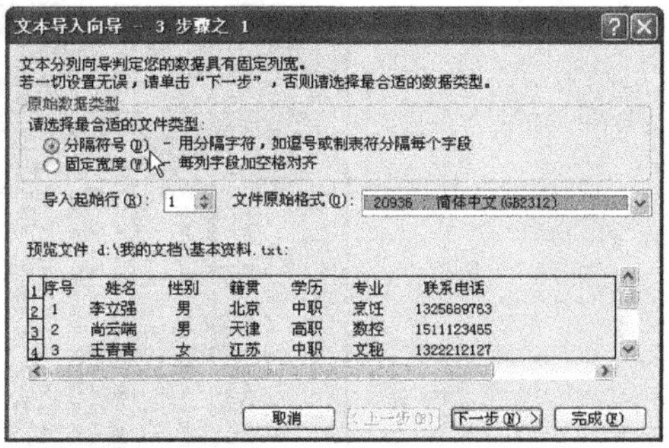

图 2-2 “文本导入向导–3 步骤之 1”对话框

（4）在“原始数据类型”选项中，选择合适的文件类型，在“导入起始行”数值输入选择框中，输入导入数据的起始行，单击“下一步”按钮，打开“文本导入向导–3 步骤之 2”对话框，如图 2-3 所示。

提示：使用起始行选择功能，可以导入文本文件的部分数据。

（5）在“分隔符号”选项中，选择适合数据来源的分栏符建立分栏，单击“下一步”按钮，打开“文本导入向导–3 步骤之 3”对话框，如图 2-4 所示。

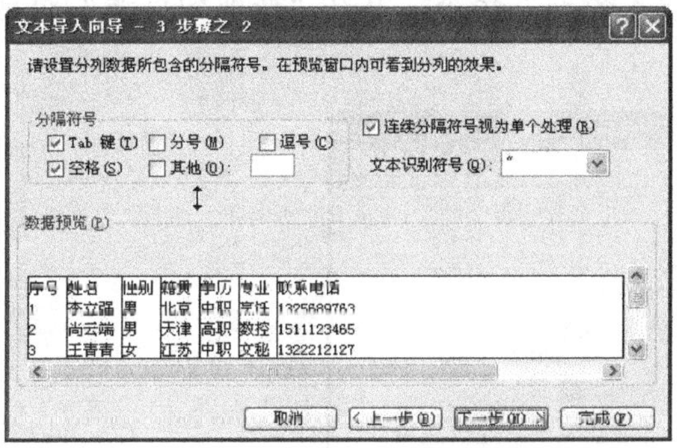

图 2-3 “文本导入向导–3 步骤之 2”对话框

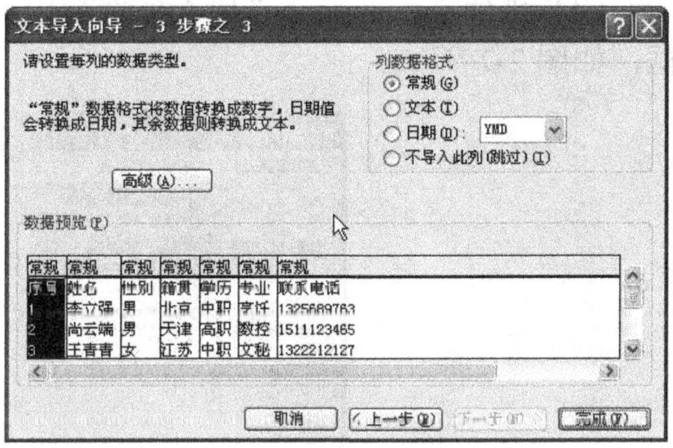

图 2-4 “文本导入向导–3 步骤之 3”对话框

（6）在“列数据格式”选项中，指定各列数据的格式，单击“完成”按钮，打开“导入数据”对话框，如图 2-5 所示。

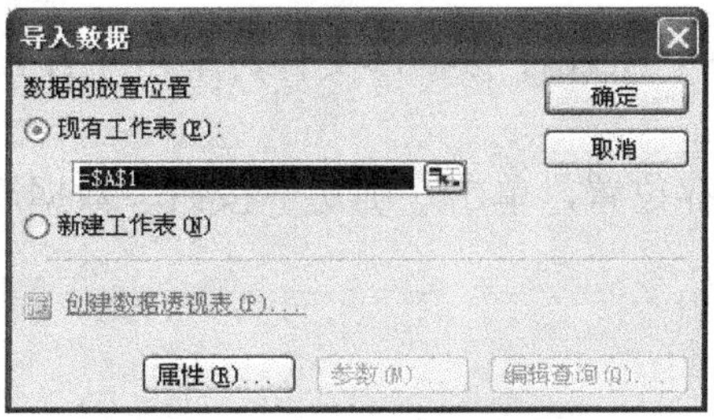

图 2-5 “导入数据”对话框

（7）选中“现有工作表”单选按钮，将导入的数据存放在打开的空白工作簿中，单击“确定”按钮，数据会导入 Excel 表格，结果如图 2-6 所示。

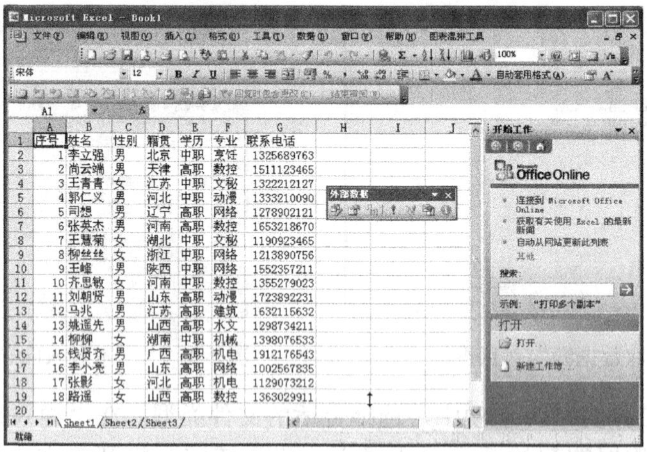

图 2-6　导入文本文件数据的 Excel 表格

2. 导入 Access 数据库中的数据表

（1）启动 Excel，打开空白工作簿。

（2）执行“数据”→“导入外部数据”→“导入数据”命令，打开“选取数据源”对话框，如图 2-7 所示。

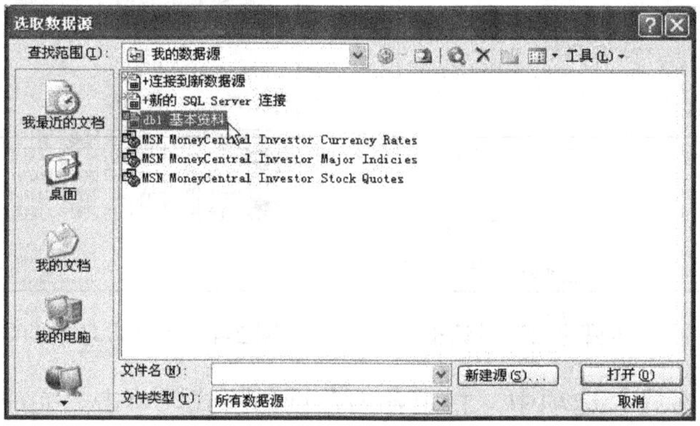

图 2-7　“选取数据源”对话框

（3）选中保存导入数据的 Access 数据库文件，单击“打开”按钮，打开“导入数据”对话框。

（4）选择导入数据的保存位置，单击“确定”按钮，数据库文件中的数据将导入 Excel 表格，如图 2-8 所示。

3. 导入 XML 文件

（1）启动 Excel，打开空白工作簿。

（2）执行“数据”→“XML”→“XML 源”命令，打开“XML 源”任务窗格，如

图 2-9 所示。

（3）在“XML 源”任务窗格中，单击“XML 映射”按钮，打开“XML 映射”对话框，如图 2-10 所示。

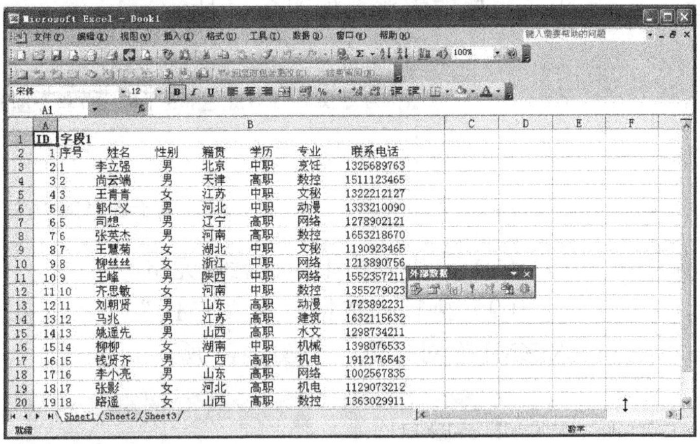

图 2-8　导入 Access 数据库中数据表的 Excel 表格

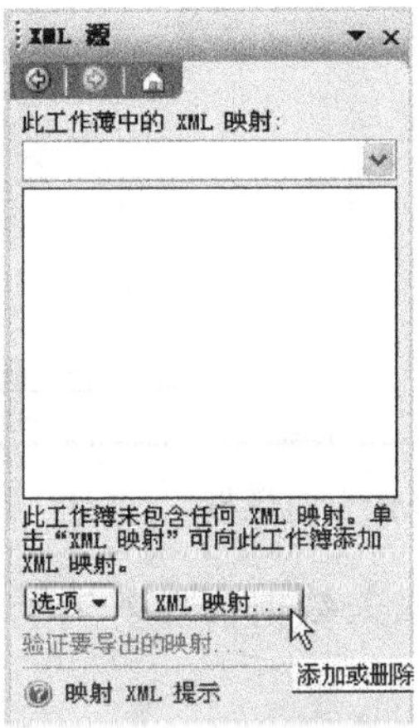

图 2-9　“XML 源”任务窗格

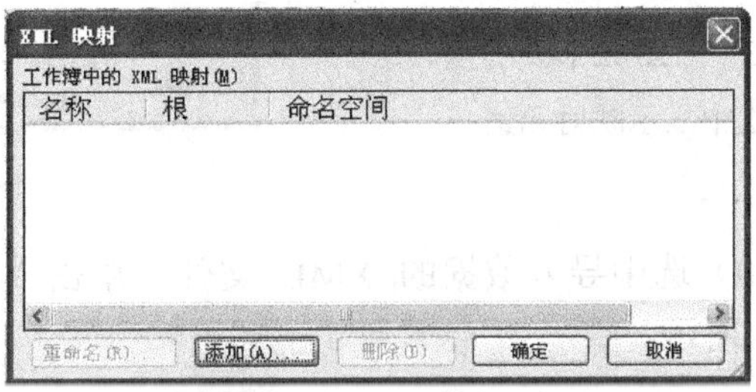

图 2-10　“XML 映射”对话框

（4）单击“添加”按钮，打开“选择 XML 源”对话框，如图 2-11 所示。

（5）选中保存导入数据的 XML 文件，单击“打开”按钮，返回“XML 映射”对话框，其中显示添加的文件，如图 2-12 所示。

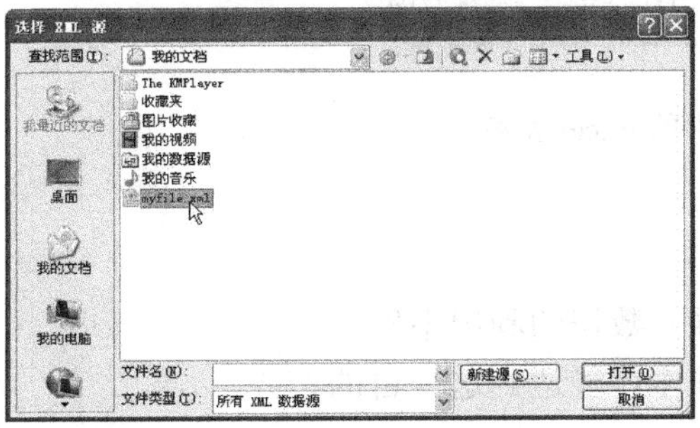

图 2-11　“选择 XML 源”对话框

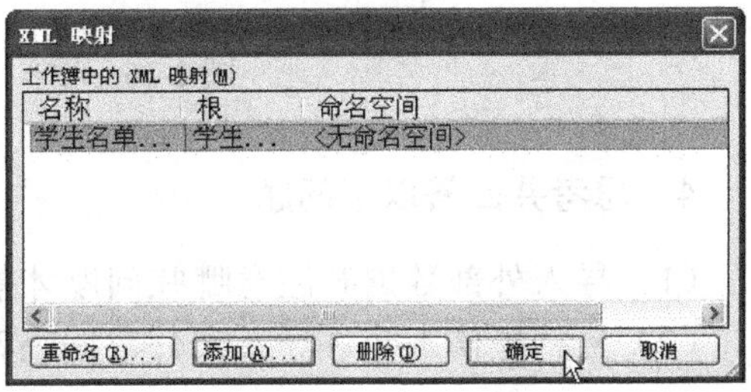

图 2-12　显示添加的文件

（6）单击“确定”按钮，关闭“XML 映射”对话框，此时“XML 源”任务窗格中显示映射元素，如图 2-13 所示。

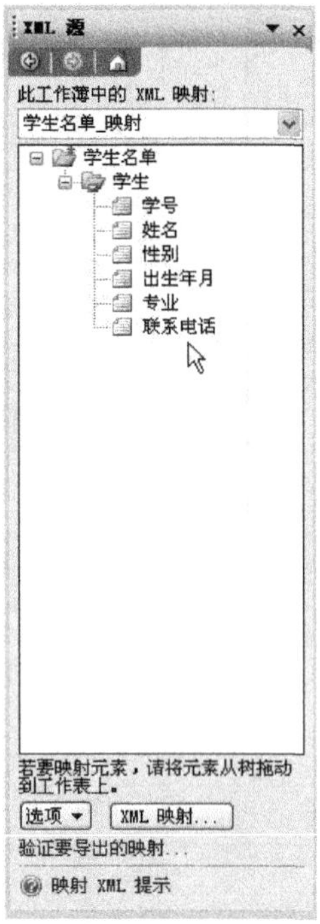

图 2-13 “XML 源”任务窗格中显示映射元素

（7）将需要的表头元素拖拽到电子表格的表头位置，形成电子表格的表头，如图 2-14 所示。

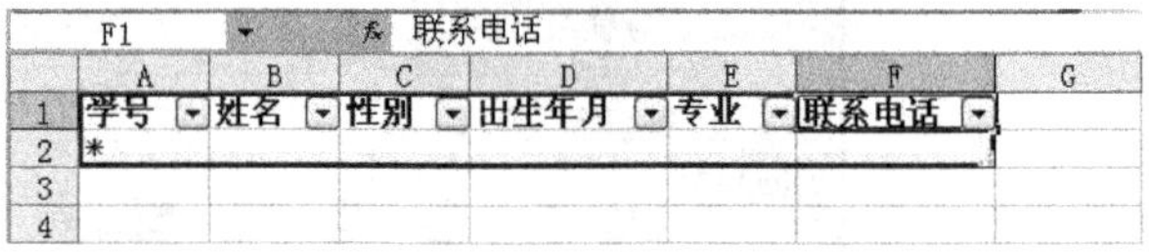

	A	B	C	D	E	F	G
1	学号	姓名	性别	出生年月	专业	联系电话	
2	*						
3							
4							

图 2-14 电子表格的表头

（8）单击表头中的任意单元格。

（9）执行“数据”→“XML”→“导入”命令，打开“导入 XML”对话框，如图 2-15 所示。

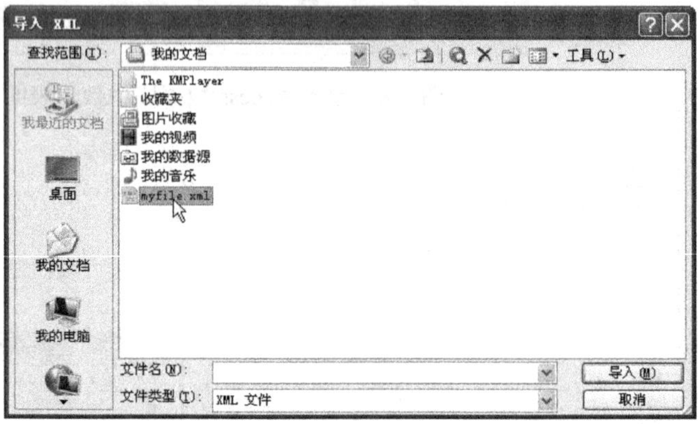

图 2-15 “导入 XML”对话框

（10）选中导入数据的 XML 文件，单击“导入”按钮，相关数据会导入电子表格，如图 2-16 所示。

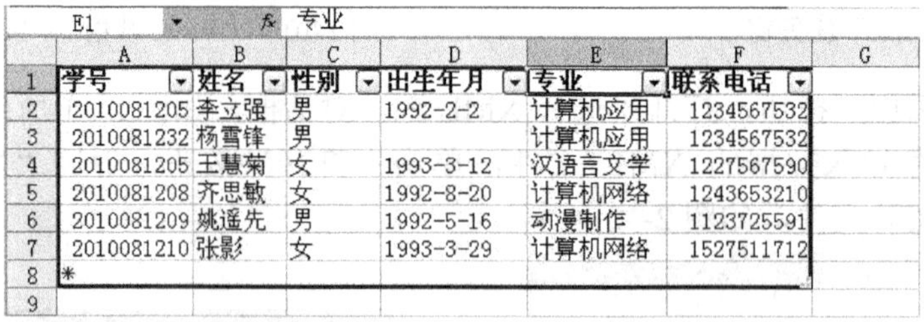

	A	B	C	D	E	F	G
1	学号	姓名	性别	出生年月	专业	联系电话	
2	2010081205	李立强	男	1992-2-2	计算机应用	1234567532	
3	2010081232	杨雪锋	男		计算机应用	1234567532	
4	2010081205	王慧菊	女	1993-3-12	汉语言文学	1227567590	
5	2010081208	齐思敏	女	1992-8-20	计算机网络	1243653210	
6	2010081209	姚遥先	男	1992-5-16	动漫制作	1123725591	
7	2010081210	张影	女	1993-3-29	计算机网络	1527511712	
8	*						
9							

图 2-16 导入 XML 文件的 Excel 表格

4. 思考并回答以下问题

（1）导入外部数据时注意哪些问题才能提高导入数据的利用率？

（2）三种操作都允许导入部分数据吗？如何操作才能达到这一目的？

任务小结

导入外部数据是提高数据利用率，减少重复输入的重要举措，Excel 2003 允许导入文本文件、Access 数据库、XML 文件中的数据。导入文本文件中的数据时，可以利用“文本导入向导”在逐项选择适合格式要求的内容后，将数据放置在指定的表格位置。导入 Access 数据库数据比导入文本文件数据还要容易，因为 Excel 和 Access 同属 Office 组件，两者的功能整合相当完善，因此允许数据相互转换。在 Excel 操作窗口执行“数据”→“导入外部数据”→“导入数据”命令，打开“选取数据源”对话框，选择“文件类型”为 Access 数据库的文件，即可将 Access 数据库文件中的数据导入 Excel 表格中。Excel 自 2003 版本开始支持导入 XML 文件数据，使 Excel 与外部的数据共享功能更强。导入 XML 文件数据前，必须将相应的 XML 文件映射到工作表中，再拖拽建立 Excel 表头，然后执行导入 XML 数据命令。

导出 Excel 数据的方法各异，Excel 表格可以使用“另存为”命令转换为文本文件；在 Access 操作环境执行“导入”命令，可以将 Excel 文件转换成数据库文件；若将 Excel 处理完的 XML 数据导出，则要执行“数据”→“XML”→“导出”命令，在 Excel 中能够导出的文件是当前工作表中包含映射的 XML 文件。

任务 2　编辑文字格式

设置字体格式的快捷方法是使用格式工具栏中的“字体”按钮，但这种方法只能设置字体、字号和字形，如果用户希望对工作表中的文本格式进行更加详细的设计，可以使用“单元格格式”对话框进行设置。

任务描述

小张制作的材料清单电子表格能够满足正常的物品管理需要，但是字符样式单一、格式呆板、表现力差，不能被其他同事接受。针对别人提出的如表格标题不居中、标题字符不突出、表头不居中等问题，小张对材料清单表格进行修改，形成了如样例 2-1 所示的表格。

样例 2-1:

	A	B	C	D	E	F
1	库存材料					
2	编号	名称	型号	入库数量	库存数量	单价
3	1	CPU	P4　2.8C	100	46	1320
4	2		P4　3.0C	100	35	1410
5	3		P4　2.8E	100	52	1375
6	4		P4　3.0E	100	58	1490
7	5	主板	856PE-A	90	52	600
8	6		856PEN	100	46	530
9	7		8IPE1000	80	40	670

任务分析

完成样例 2-1 表格涉及单元格合并、字符格式设置等在原有表格内容上的操作，也需要添加批注对特定内容进行说明，因此操作对象和方法有差异。作为完整的学习单元，本学习任务可以考虑分解为以下过程：

制作样例表格；

分析操作中可能出现的问题。

任务操作

1. 制作样例表格

（1）启动 Excel，打开“库存材料明细表.xls”。

（2）选中 A1:F1 单元格区域，单击常用工具栏中的“合并并居中”按钮，将 A1～F1 单元格合并为一个单元格，表格标题“库存材料”居中显示。

（3）选中文本“库存材料”，执行“格式”→“单元格”命令，打开“单元格格式”对话框，如图 2-17 所示。

（4）在“字体”列表框中选择“楷体–GB2312”；在“字形”列表框中选择“加粗”；在“字号”列表框中选择“18”；在“颜色”列表框中选择“红色”，单击“确定”按钮。

（5）选中 A2:F2 单元格区域，在常用工具栏中设置“字体”为“宋体”，“字号”为“12”，“颜色”为“蓝色”，“加粗”显示。

（6）选中 A 列单元格，在“单元格格式”对话框“数字”选项卡的“分类”选项中，选择“文本”，单击“确定”按钮，如图 2-18 所示。

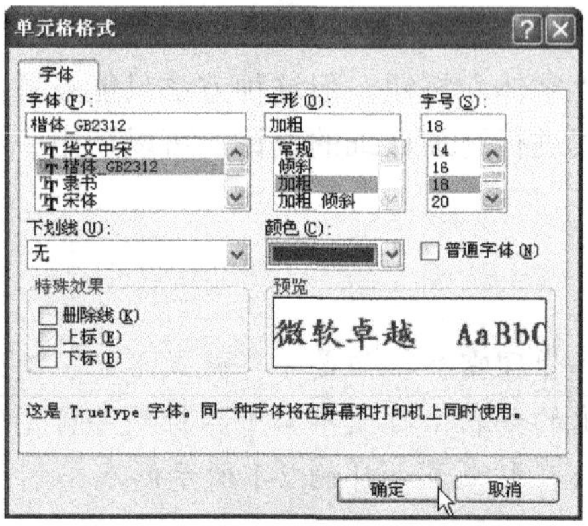

图 2-17 “单元格格式”对话框

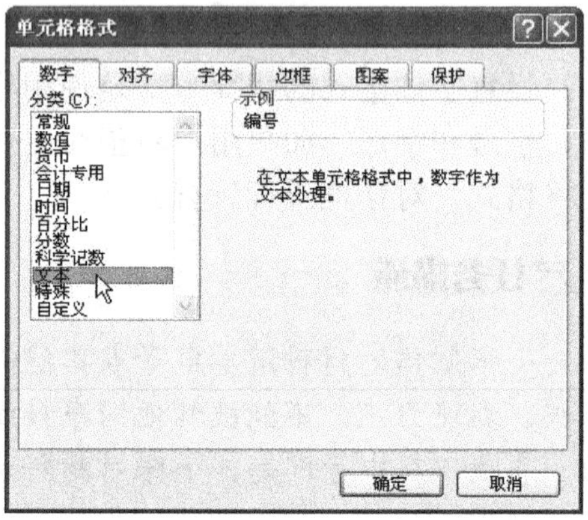

图 2-18 “数字”选项卡

（7）选中 C3 单元格，执行“插入”→“批注”命令。在单元格的右上角出现红色小三角符号，打开“批注”文本框，在文本框中输入文本“适用类型：台式机；接口类型：Socket 478；核心类型：Northwood；……”，如图 2-19 所示。

（8）选中 A2:F9 单元格区域，打开“单元格格式”对话框，选择“对齐”选项卡，在“文本对齐方式”选项的“水平对齐”下拉列表中选择“居中”，使单元格区域内的所有数据居中显示，如图 2-20 所示。

（9）以“库存材料明细表 1.xls”为文件名保存文件。

2. 思考并回答以下问题

（1）将单元格中的数字转换为文本与直接在单元格中输入数字字符串有什么区别？

（2）在表格中插入的批注内容保存在什么位置？如何控制批注内容的显示方式？

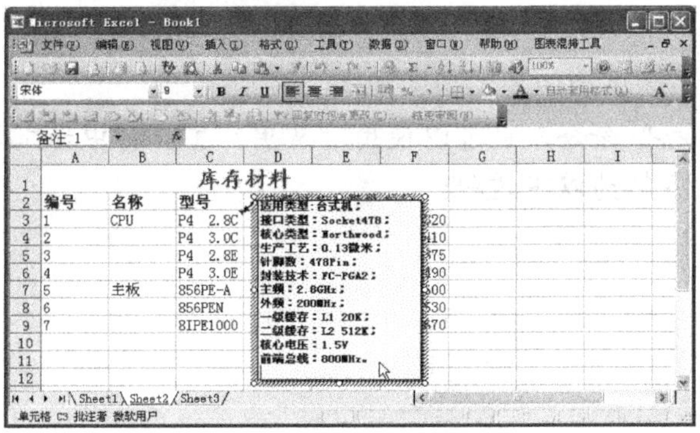

图 2-19 输入批注内容

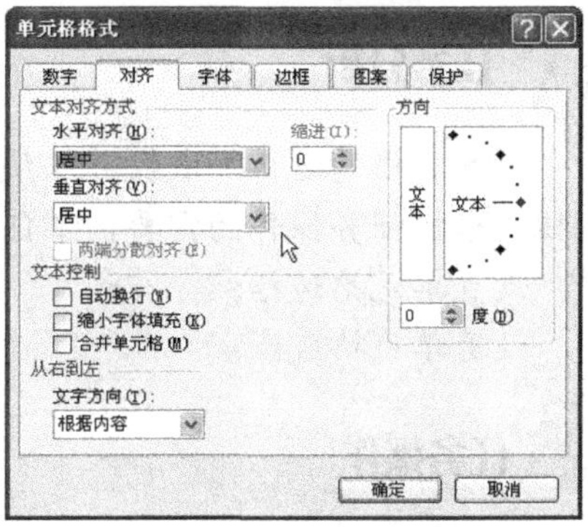

图 2-20 设置对齐方式

任务小结

编辑表格文字格式主要是为了改变文字的显示效果，形成文字大小有序的版面。在一般情况下，随着标题级前降低文字会逐渐减小，重要文字或数据则可以通过改变字形、添加颜色，突出显示。使用格式工具栏中的工具按钮可以改变字形、字号，使用“单元格格式”对话框的“字体”选项卡还可以给特定内容添加下画线、颜色和特殊效果。

批注是对特定单元格插入的扩展内容，执行“插入”菜单项中的“批注”命令，可以打开“批注”文本框，输入批注内容。在表格中插入批注后，批注文本框将遮盖部分表格内容，影响表格正常操作，执行“视图”菜单项中的“批注”命令，可隐藏批注文本框。隐藏后的批注文本框可以在鼠标指针指向单元格时显示，也可以通过执行“视图”菜单项中的“批注”命令取消隐藏。

任务 3 编辑表格格式

为了使表格更加美观和其中部分数据显示得更加突出，可以对表格添加边框和底纹，使电子表格更接近传统表格样式。

任务描述

小张修改完成了库存材料明细表后，发现自己制作的表格外观仍然不是很美观，于是决定对表格进行进一步的修饰，使表格的主体更加鲜明，内容更加突出，最终他完成了如样例 2-2 所示的表格。

样例 2-2：

	A	B	C	D	E	F
1	库存材料					
2	编号	名称	型号	入库数量	库存数量	单价
3	1	CPU	P4 2.8C	100	46	1320
4	2		P4 3.0C	100	35	1410
5	3		P4 2.8E	100	52	1375
6	4		P4 3.0E	100	58	1490
7	5	主板	856PE-A	90	52	600
8	6		856PEN	100	46	530
9	7		8IPE1000	80	40	670

任务分析

设置表格的边框和底纹可以使用“单元格”命令，也可以使用“常用”工具栏中的工具按钮。根据任务操作的需要，本任务可以被分解为以下过程：

设置单元格边框；

设置单元格底纹。

任务操作

1．设置单元格边框

（1）打开“库存材料明细表 1.xls”。

（2）选中 A2:F9 单元格区域，打开“单元格格式”对话框，选择“边框”选项卡，如图 2-21 所示。

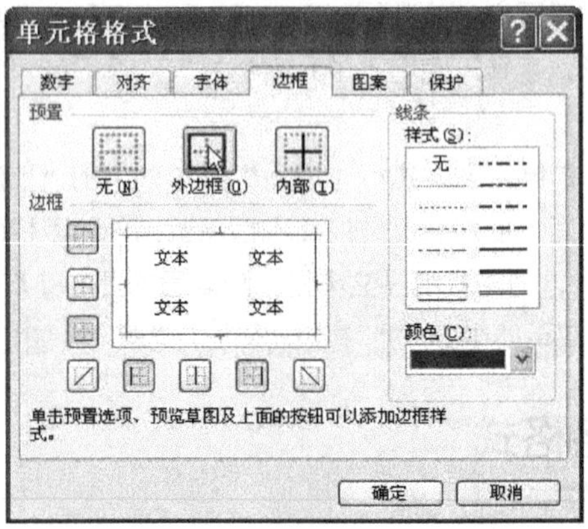

图 2-21 “边框”选项卡

（3）在“线条”选项的“样式”中，选择“细线条”，在“颜色”下拉列表中选择“红色”，在“预置”选项中选择“外边框”。

（4）在“线条”选项的“样式”中，选择“虚线条”，在“颜色”下拉列表中选择“红色”，在“预置”选项中选择“内部”，单击“确定”按钮。添加内外边框的表格如图 2-22 所示。

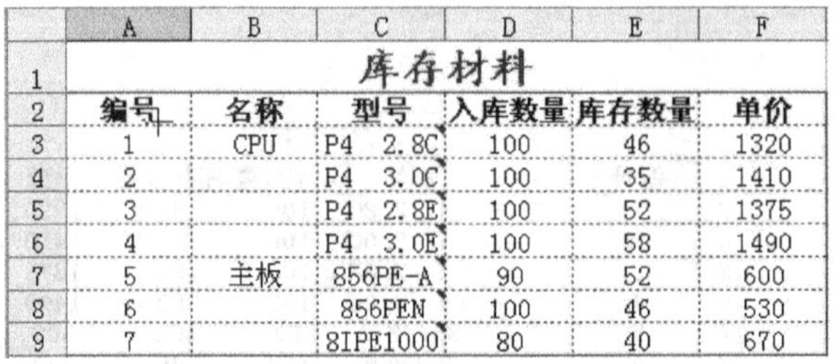

	A	B	C	D	E	F
1	库存材料					
2	编号	名称	型号	入库数量	库存数量	单价
3	1	CPU	P4 2.8C	100	46	1320
4	2		P4 3.0C	100	35	1410
5	3		P4 2.8E	100	52	1375
6	4		P4 3.0E	100	58	1490
7	5	主板	856PE-A	90	52	600
8	6		856PEN	100	46	530
9	7		8IPE1000	80	40	670

图 2-22 添加内外边框的表格

提示：使用工具栏中的“边框”按钮，也可以设置表格的边框。

2. 设置单元格底纹

（1）选中 A1:F1 单元格区域，单击鼠标右键，在弹出的快捷菜单中选择“设置单元格格式”选项，打开“单元格格式”对话框，选择“图案”选项卡，如图 2-23 所示。

（2）在“颜色”选项中，选择“黄色”，单击“确定”按钮。

（3）选择 A2:F2 单元格区域，在“单元格格式”对话框的“图案”选项卡中，单击“图案”下拉按钮，选择“12.5%灰色”，单击“确定”按钮，给选择的区域进行图案填充，如图 2-24 所示。

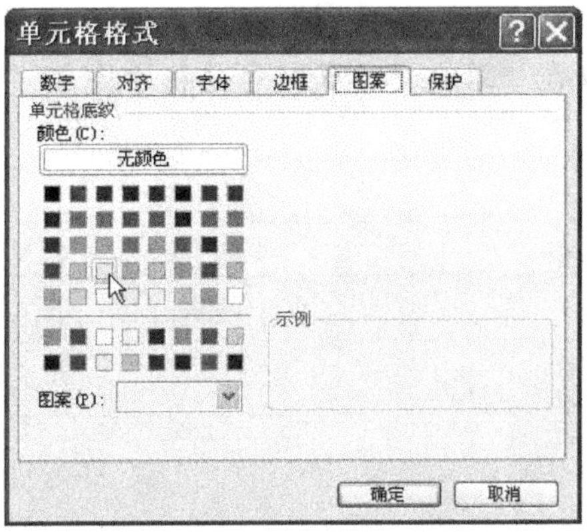

图 2-23　“图案”选项卡

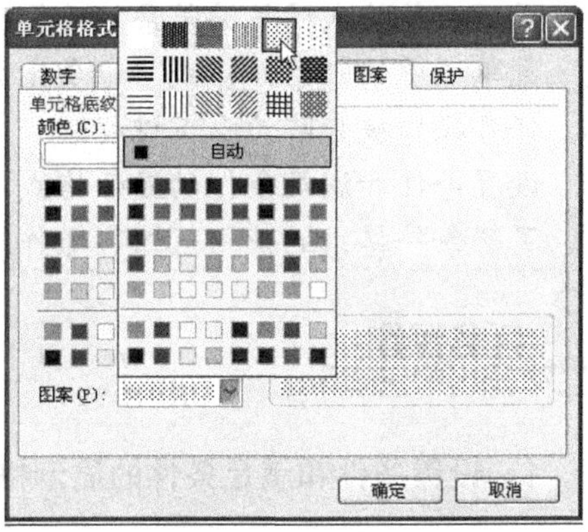

图 2-24　填充选中区域

（4）以“库存材料明细表 2.xls”为文件名保存文件。

3. 思考并回答以下问题

（1）设置表格框线的主要目的有哪些？列举各种表格框线的用法。

（2）在单元格中添加底纹可以解决制表中的哪些问题？

任务小结

因为电子表格的基本组成单元是单元格，所以从严格意义上讲，“单元格格式”对话框所涉及的内容都是表格格式内容。本任务所说的编辑表格格式可以对照纸质表格理解，即形成独立的表格空间，或认为是更接近传统表格的电子表格。为电子表格添加边框线，可以使表格结构更清晰，使电子表格传统化；为部分表格添加颜色或图案，可以重点突出，使电子表格的优势最大化。使用“单元格格式”对话框的“边框”选项卡可以给电子表格设置有颜色、线条样式的内外边框线；使用“单元格格式”对话框的“图案”选项卡可以给部分表格添加底纹。

任务 4　设置条件格式

设置条件格式是指设置的格式有条件限制，符合设置条件时设置格式应用于设置对象，使满足条件的记录突出显示，不符合设置条件的对象不应用设置格式。

任务描述

小张为了能够清晰了解某种材料的库存量是否低于临界值，并尽快通知采购人员进货，他在库存材料明细表中增加了出库数量项目，每天根据材料出库数量计算库存量。为了一目了然地发现库存量低于临界值的材料，他设置了条件格式，将满足库存量低于 50 的记录以红色字体、浅青绿色底纹显示，使仓库管理人员很容易在大量记录中发现要查找的对象。

任务分析

设置条件格式的关键是条件选择和满足条件时的显示设置，条件设置可以通过执行“格式”菜单项中的“条件格式”命令完成，显示设置可以在“单元格格式”对话框中完成。因此，任务操作被分解为以下过程：

设置条件和满足条件的显示格式；

了解条件格式的使用范围和操作限制。

任务操作

1. 设置条件和满足条件的显示格式

（1）打开“库存材料明细表 2.xls”，添加“出库数量”项目，修改后的表格如图 2-25 所示。

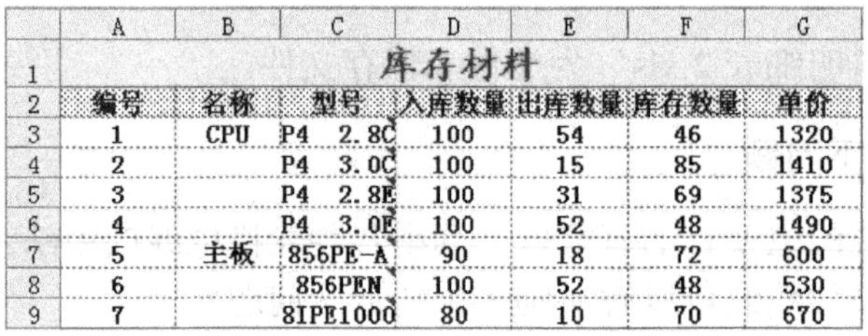

	A	B	C	D	E	F	G
1	库存材料						
2	编号	名称	型号	入库数量	出库数量	库存数量	单价
3	1	CPU	P4 2.8C	100	54	46	1320
4	2		P4 3.0C	100	15	85	1410
5	3		P4 2.8E	100	31	69	1375
6	4		P4 3.0E	100	52	48	1490
7	5	主板	856PE-A	90	18	72	600
8	6		856PEN	100	52	48	530
9	7		8IPE1000	80	10	70	670

图 2-25　添加出库数量的库存材料明细表

（2）选中 F3:F9 单元格区域。

（3）执行“格式”→“条件格式”命令，打开“条件格式”对话框，在“条件格式”对话框中，选择条件为“单元格数值小于 50”，如图 2-26 所示。

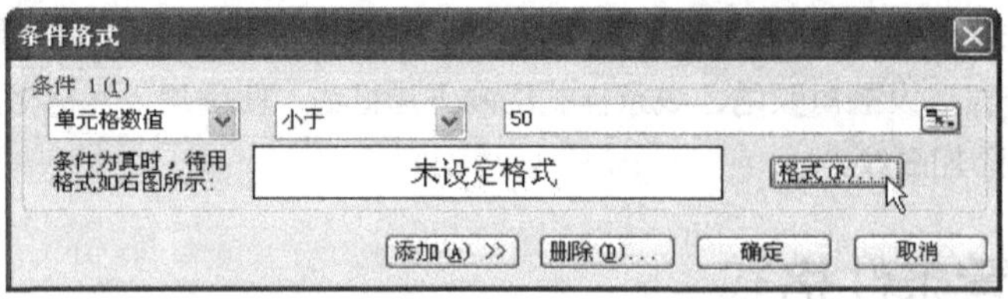

图 2-26　“条件格式”对话框

提示：用户还需要增加其他的条件时，可以单击“添加”按钮，为条件公式添加新的条件，但在一个工作表中，最多只能设置 3 个条件。

（4）单击“格式”按钮，打开“单元格格式”对话框，在“字体”选项卡中设置字体为“红色”；在“图案”选项卡中，设置图案填充色为“浅青绿色”，单击“确定”按钮，如图 2-27 所示。

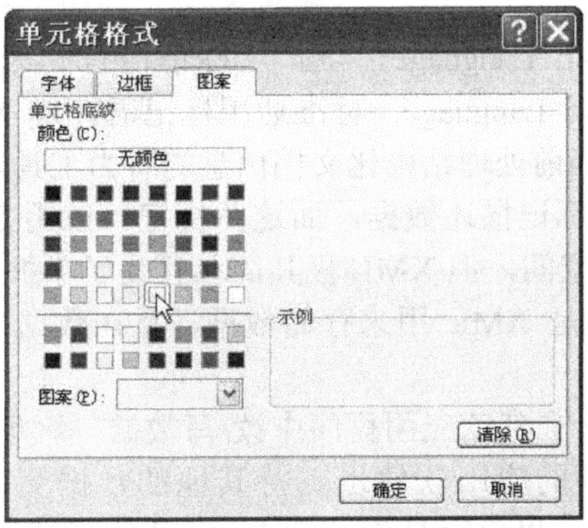

图 2-27　设置显示格式

（5）在“条件设置”对话框中，单击“确定”按钮，完成“条件格式”设置，显示效果如图 2-28 所示。

	A	B	C	D	E	F	G
1	库存材料						
2	编号	名称	型号	入库数量	出库数量	库存数量	单价
3	1	CPU	P4 2.8C	100	54	46	1320
4	2		P4 3.0C	100	15	85	1410
5	3		P4 2.8E	100	31	69	1375
6	4		P4 3.0E	100	52	48	1490
7	5	主板	856PE-A	90	18	72	600
8	6		856PEN	100	52	48	530
9	7		8IPE1000	80	10	70	670

图 2-28　显示效果

（6）以“库存材料明细表 3.xls”为文件名保存文件。

提示：在已设置条件格式的单元格中，若数值发生变化，不再满足设定的条件时，Excel 将恢复这些单元格原来的样式。

2．思考并回答以下问题

（1）选择多个条件时，彼此应保持何种关联关系？

（2）条件格式主要适用于哪些表格环境？设置条件格式能达到什么目的？

任务小结

在表格中设置条件，使满足条件的内容醒目显示，是电子表格所独具的特点。设置条件格式的目的是区分特殊内容、方便用户查找，因此，需要明确条件和满足条件的显示方式。条件格式针对单元格，所以满足条件的显示格式需要在“单元格格式”对话框中进行设置。在“条件格式”对话框中最多可以设置 3 个条件，条件的选取项有单元格数值和公式，只有在单元格数值或公式传回 true 值时，才会套用选取的字形、色彩、下画线、底纹或图案格式。若设定多个条件，且多于一个以上的条件为真，则只套用第一个符合的条件格式，如先设定计算机考试成绩大于 80 者用红字黄底显示，第二个条件又设定计算机考试成绩大于 90 者用蓝字黄底显示，则 Excel 只套用第一个符合的条件格式，即 90 分以上者也用红字黄底显示。

知识链接

1. XML 文件

XML（Extensible Markup Language，可扩展标记语言）与 HTML 一样，都是 SGML（Standard Generalized Markup Language，标准通用标记语言）。XML 是 Internet 环境中跨平台、依赖于内容的技术，是当前处理结构化文档信息的有力工具。XML 是一种简单的数据存储语言，使用一系列简单的标记描述数据，而这些标记可以用方便的方式建立，虽然 XML 要占用比二进制数据更多的空间，但 XML 极其简单且易于掌握和使用。

XML 与 HTML 的区别是 XML 用来存储数据，重在数据本身；而 HTML 用来定义数据，重在数据的显示模式。

XML 的简单性使其易于在任意应用程序中读/写数据，这也使 XML 很快成为数据交换的唯一公共语言，虽然不同的应用软件也支持其他的数据交换格式，但它们多数也支持 XML，这就意味着应用程序可以更容易与 Windows、Mac–OS，Linux 及其他平台产生的信息相结合，且很容易加载 XML 数据到应用程序中并进行分析，结果以 XML 格式输出。

2. 字符格式

字体是指同一种文字的各种不同形体，如汉字手写的楷书、行书、草书，印刷的宋体、黑体等。Excel 中提供有大量的中西文字形体，完全能满足用户编辑字符的应用要求。

字号是指字符的大小尺寸。在 Excel 中用磅作为字号的度量单位，如 8、10 等，磅值越大，字越大。

字形是指字符经软件加工后的显示效果，Excel 2003 提供的字形有常规、倾斜、加粗、加粗倾斜。有效利用字形显示效果可以提升特定文字的视觉冲击力，达到强化文字主体内容的目的。

3. 快速输入有规律的表格数据

利用 Excel 的填充功能可以实现有规律数据的快速输入，如数字序列、时间序列、等差序列、等比序列等，若将多个工作表组成组，也可以实现向多个工作表同时输入相同数据的操作。

1）多个单元格输入相同内容

在多个单元格填写相同的内容时需要先选中单元格，然后才能让多个单元格同时完成输入，具体操作如下：

① 选中输入相同内容的单元格区域。

② 在活动单元格中输入内容，如图 2-29 所示。

③ 按【Ctrl+Enter】组合键，选中单元格区域出现相同内容，如图 2-30 所示。

图 2-29　在活动单元格中输入内容

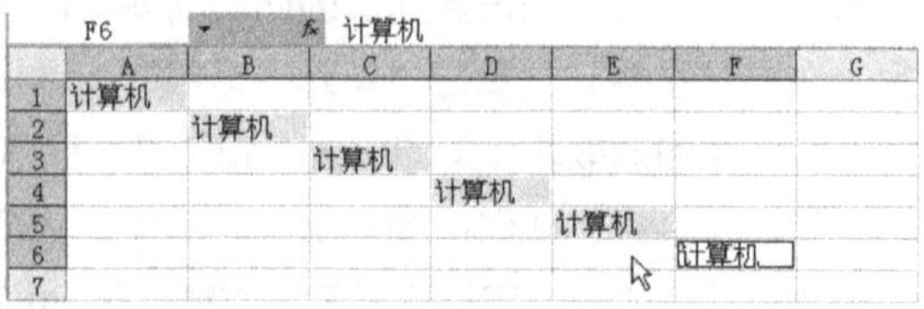

图 2-30　选中单元格区域出现相同内容

2）鼠标拖动填充编号

在表格中输入顺序编号，可以使用鼠标拖动完成，具体操作如下：

① 选中一个单元格，输入编号序列的第一个数据。

② 将鼠标指针指向单元格填充柄，当指针变成黑色实心“十”字后，沿填充方向拖动填充柄，如图 2-31 所示。

③ 松开鼠标，编号的第一个数据填入拖动过的区域，同时在填充柄的右下角出现“自动填充选项”按钮，如图 2-32 所示。

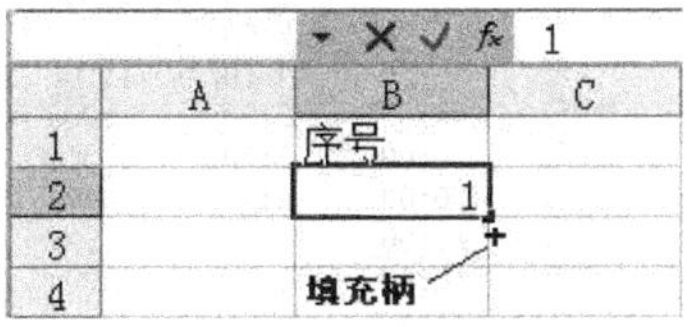

图 2-31　拖动填充柄

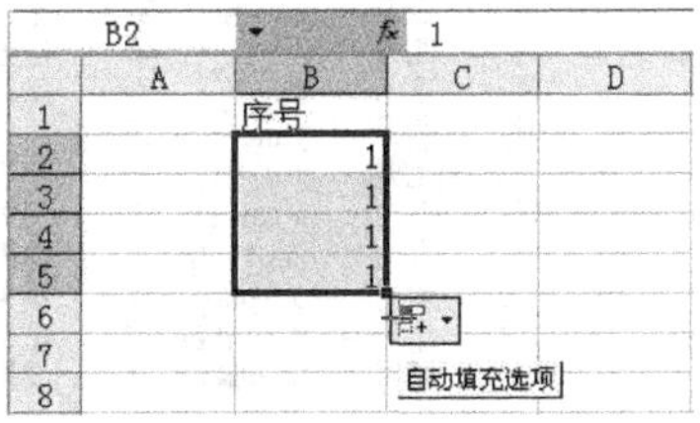

图 2-32　显示“自动填充选项”按钮

④ 单击“自动填充选项”按钮，打开下拉列表，如图 2-33 所示。

⑤ 选中“以序列方式填充”单选按钮，填充数字自动更改为序列编号，填充结果如图 2-34 所示。

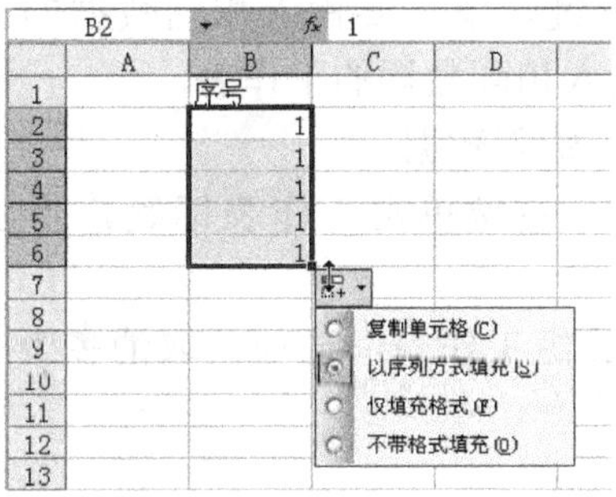

图 2-33　“自动填充选项”下拉列表

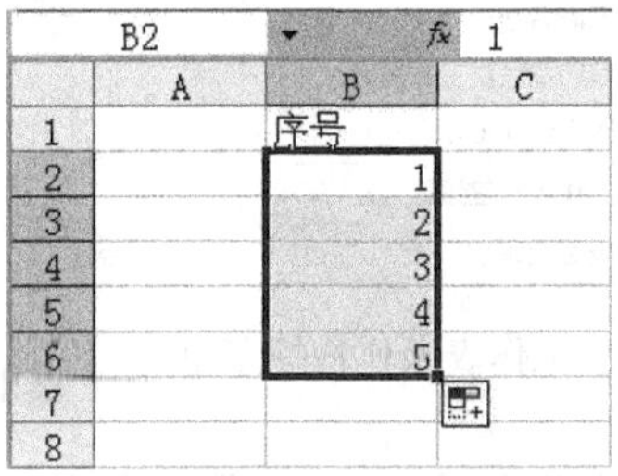

图 2-34　填充结果

提示：按住【Ctrl】键同时沿填充方向拖动填充柄，可实现序号的自动填充。

3）等差序列填充

等差序列填充需要确定公差，填充数字按公差递增，具体操作如下：

① 在单元格中输入等差序列的前两个值，然后选中这两个单元格，如图 2-35 所示。

② 沿填充方向拖动填充柄至结束位置，等差数列将自动填充，结果如图 2-36 所示。

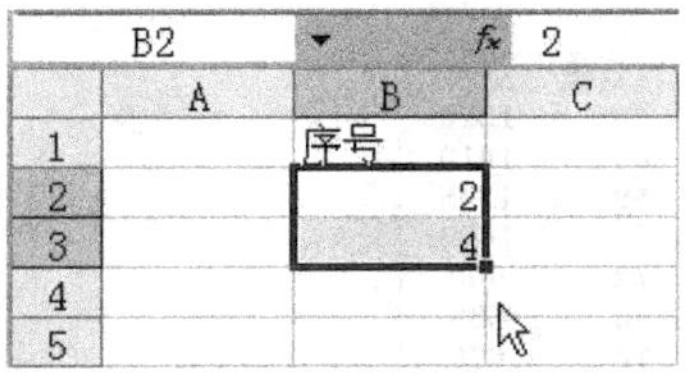

图 2-35　输入数值并选中这两个单元格

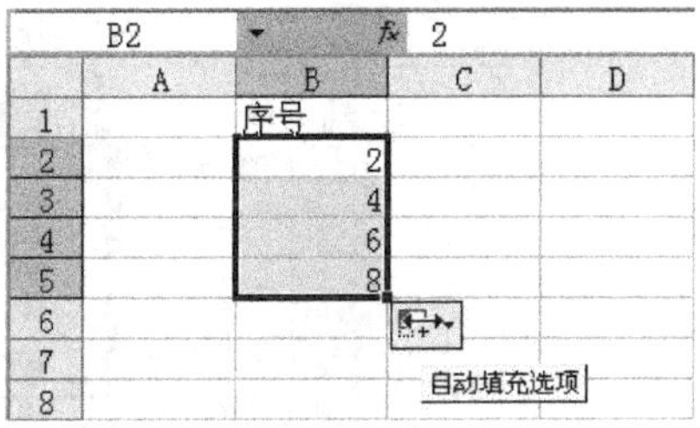

图 2-36　拖动填充的结果

4）日期和时间序列填充

Excel 允许日期和时间值顺序填充输入，具体操作如下：

① 选中一个单元格，输入第一个日期或时间。

② 拖动填充柄至结束位置，如填充结果不能满足需要，单击“自动填充选项”按钮，打开“自动填充选项”列表，选择满足需要的选项。日期时间填充示例如图 2-37 所示。

	A	B	C	D	E	F	G	H	I	J	K
1	1月	正月	January	子	星期一	Sunday	2010-1-1	1月1日	1:00	1:10	1:10:10
2	2月	二月	February	丑	星期二	Monday	2010-1-2	1月2日	2:00	1:20	1:10:20
3	3月	三月	March	寅	星期三	Tuesday	2010-1-3	1月3日	3:00	1:30	1:10:30
4	4月	四月	April	卯	星期四	Wednesday	2010-1-4	1月4日	4:00	1:40	1:10:40
5	5月	五月	May	辰	星期五	Thursday	2010-1-5	1月5日	5:00	1:50	1:10:50
6	6月	六月	June	巳	星期六	Friday	2010-1-6	1月6日	6:00	2:00	1:11:00
7	7月	七月	July	午	星期日	Saturday	2010-1-7	1月7日	7:00	2:10	1:11:10
8	8月	八月	August	未	星期一	Sunday	2010-1-8	1月8日	8:00	2:20	1:11:20
9	9月	九月	September	申	星期二	Monday	2010-1-9	1月9日	9:00	2:30	1:11:30
10	10月	十月	October	酉	星期三	Tuesday	2010-1-10	1月10日	10:00	2:40	1:11:40
11	11月	十一月	November	戌	星期四	Wednesday	2010-1-11	1月11日	11:00	2:50	1:11:50
12	12月	腊月	December	亥	星期五	Thursday	2010-1-12	1月12日	12:00	3:00	1:12:00

图 2-37　日期时间填充示例

5）向多个工作表同时输入相同数据

向多个工作表同时输入相同数据，需要先将工作表组成组，结束输入后再取消工作表组合，具体操作如下：

① 按住【Ctrl】键，单击要输入相同数据的工作表标签，选中所有需要输入相同数据的工作表。

② 选中单元格，输入数据。

③ 完成输入后，右键单击工作表标签，弹出快捷菜单，如图 2-38 所示。

④ 选择“取消成组工作表”选项，取消多个工作表组成的工作组。

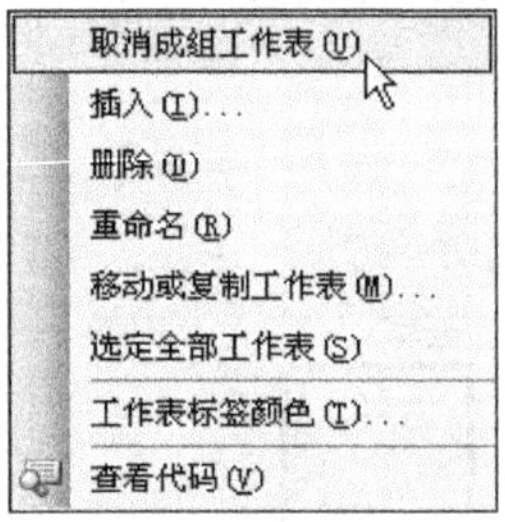

图 2-38　工作表操作快捷菜单

4. 在工作表中插入或删除单元格

若发现制作完成的电子表格缺少或多出部分数据，可以采用插入或删除单元格的方法实现添加或删除操作。

1）插入单元格

在工作表中插入一个单元格的操作如下：

① 单击需要插入单元格位置上的单元格，使其成为活动单元格。

② 执行“插入”→“单元格”命令，打开“插入”对话框，如图 2-39 所示。

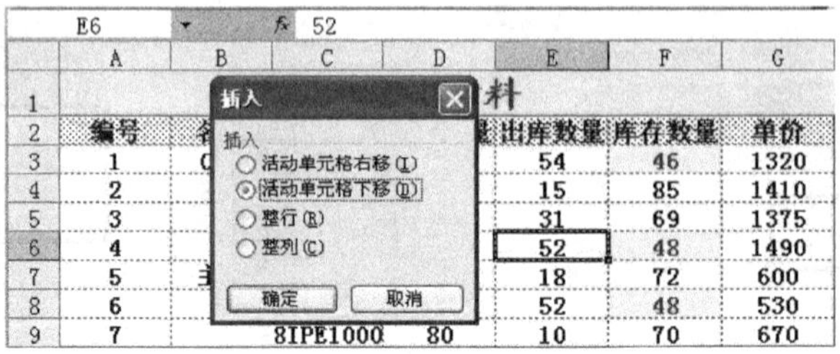

图 2-39　“插入”对话框

③ 在“插入”选项中选择活动单元格的移动方向，如选中“活动单元格下移”单选按钮。

④ 单击“确定”按钮，选中单元格下移一行，结果如图 2-40 所示。

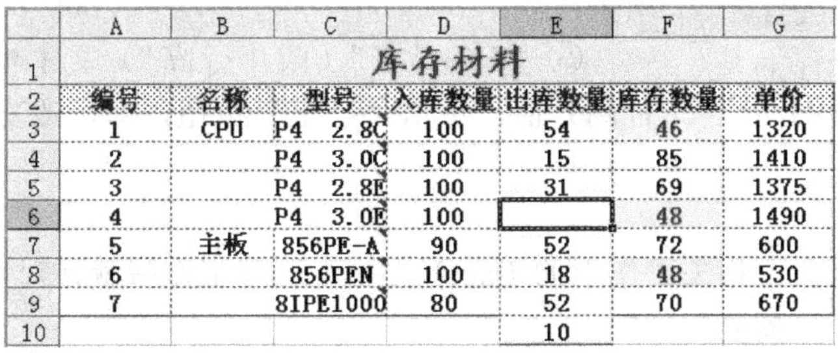

	A	B	C	D	E	F	G
1	库存材料						
2	编号	名称	型号	入库数量	出库数量	库存数量	单价
3	1	CPU	P4　2.8C	100	54	46	1320
4	2		P4　3.0C	100	15	85	1410
5	3		P4　2.8E	100	31	69	1375
6	4		P4　3.0E	100		48	1490
7	5	主板	856PE-A	90	52	72	600
8	6		856PEN	100	18	48	530
9	7		8IPE1000	80	52	70	670
10					10		

图 2-40　插入单元格后的结果

2）删除单元格

删除工作表中的单元格与插入单元格的操作过程类似，具体操作如下：

① 选中要删除的单元格。

② 执行“编辑”→“删除”命令，打开“删除”对话框，如图 2-41 所示。

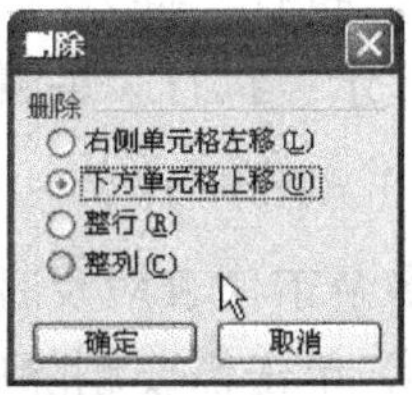

图 2-41　“删除”对话框

③ 在“删除”选项中选择活动单元格删除后单元格的移动方向，如选中“下方单元格上移”单选按钮。

④ 单击“确定”按钮，删除单元格下方的单元格上移一行。

3）插入行或列

制作完成的表格需要增加一行或一列数据，就需要在表格中插入行或列，具体操作如下：

① 单击插入位置的行号或列标，选中插入位置。

② 执行“插入”→“行”（或“列”）命令，选中行或列向下或向右移动，即在选中行的上面插入一行或在选中列的左边插入一列。

4）删除行或列

删除行或列操作与插入行或列操作类似，具体操作如下：

① 单击要删除行的行号或删除列的列标。

② 执行“编辑”→“删除”命令，选定的行或列会被删除。删除行，下面行上移；删除列，右边列左移。

5．调整列宽、行高

在默认情况下，Excel 工作表的列宽和行高都是固定的，若不能满足用户需要，可以进行适当调整。最简单的方法是将鼠标指针指向两列标或两行号之间，当鼠标指针变成带双向箭头的“十”字形符号时，拖动鼠标即可改变列宽或行高。如果想精确调整列宽或行高，可以使用“列宽”或“行高”对话框，具体操作如下：

① 选中调整对象。

② 执行“格式”→“列”（或“行”）→“列宽”（或“行高”）命令，打开“列宽”（或“行高”）对话框，如图 2-42 所示。

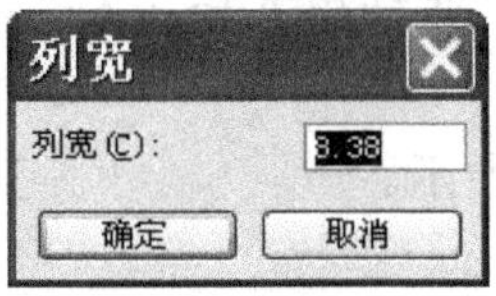

图 2-42　“列宽”对话框

③ 在“列宽”（或“行高”）文本框中，输入列宽（或行高）值，单击“确定”按钮，即可改变列宽（或行高）。

6. 管理工作簿

工作簿是包含有多个相关工作表的 Excel 文档，管理工作簿就是对工作表进行操作，使其能够更好地适应工作需要。

1）插入工作表

在默认情况下，工作簿包含 3 个工作表，若实际应用需要 3 个以上的工作表，就必须在工作簿中插入新的工作表。插入工作表的具体操作如下：

① 单击工作表标签，选定当前工作表。

② 执行“插入”→“工作表”命令，在选定工作表前面插入新工作表。

提示：执行“编辑”→“重复插入工作表”命令，也可以插入工作表。

2）删除工作表

多余工作表应及时进行删除，删除工作表操作如下：

① 单击需要删除的工作表标签，使其成为当前工作表。

② 执行“编辑”→“删除工作表”命令，系统显示提示信息，如图 2-43 所示。

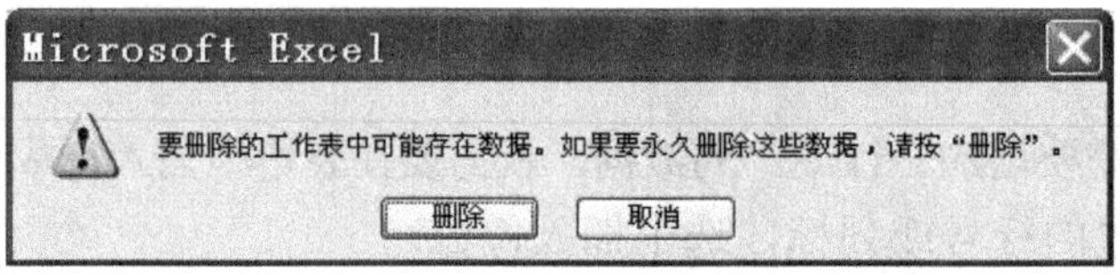

图 2-43　系统提示信息

③ 单击“删除”按钮，选定的工作表将被删除。

提示：删除工作表不存在撤销操作，应慎重对待。

3）重命名工作表

Excel 系统创建的工作表标签名称依次为 Sheet1、Sheet2……，这种区分方法不利于识别工作表。在工作表较多时，重命名工作表是解决问题的最好办法，其具体操作如下：

① 鼠标指针指向需要重命名的工作表标签，单击鼠标右键，弹出快捷菜单，如图 2-44 所示。

② 选择“重命名”选项，标签名处变为黑色，输入新的工作表标签名，按【Enter】键完成命名操作。

提示：双击标签名也可以使标签名处变为黑色。

4）复制或移动工作表

若需要制作与已有表格类似的工作表，可以借助复制操作高效率地完成任务。复制和移动工作表的具体操作如下：

① 选定需要复制或移动的工作表。

② 执行“编辑”→“移动或复制工作表”命令，打开“移动或复制工作表”对话框，如图 2-45 所示。

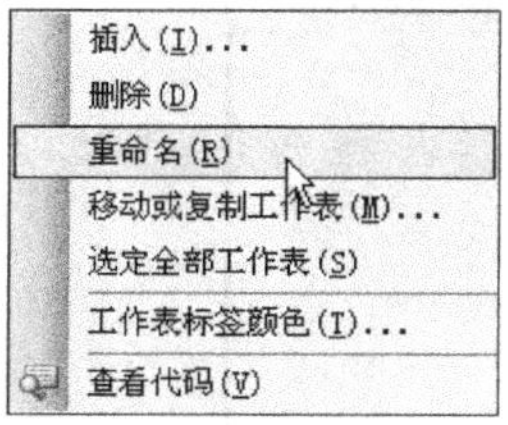

图 2-44　工作表操作快捷菜单

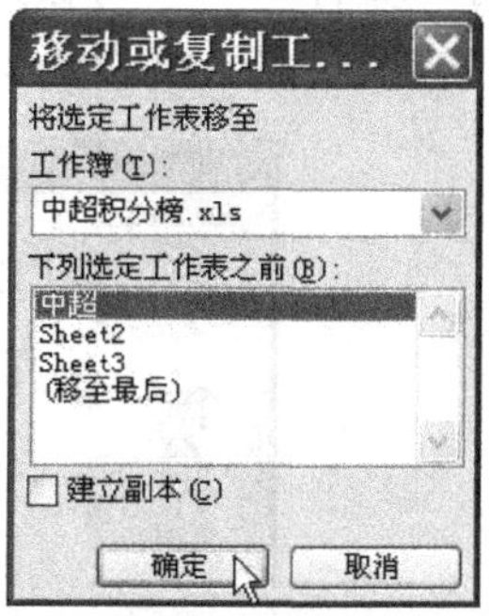

图 2-45　“移动或复制工作表”对话框

③ 在对话框中选择新工作表的存放位置，单击“确定”按钮，选定工作表将移动到新位置。若在对话框中选中“建立副本”复选框，选定工作表会复制到新位置。

提示：拖动工作表标签可以在同一个工作簿中移动工作表，按住【Ctrl】键拖动工作表标签，可以在同一个工作簿中复制工作表。

任务拓展　使用模板生成表格

若将常用的工作表格式保存为模板格式，可以节省制作类似工作表重复输入数据与设置格式的时间，所以经常制作的工作表或文件需要制成模板以提高制表的工作效率。

任务描述

由于存储学生基本数据的电子表格会在后续管理中经常使用，所以需要将电子表格制成模板，在以后制作近似表格时可使用模板快速生成实用的电子表格。

任务分析

制作模板是为了快速生成电子表格，使用模板制作电子表格时必须先生成模板，因此，任务操作可以分解为以下过程：

建立模板；

使用模板。

任务操作

1. 建立模板

（1）打开“基础数据”工作簿。

（2）执行“文件”→“另存为”命令，打开“另存为”对话框，在“保存类型”下拉列表框中选择“模板”，Excel自动选择“保存位置”为“Templates”，如图2-46所示。

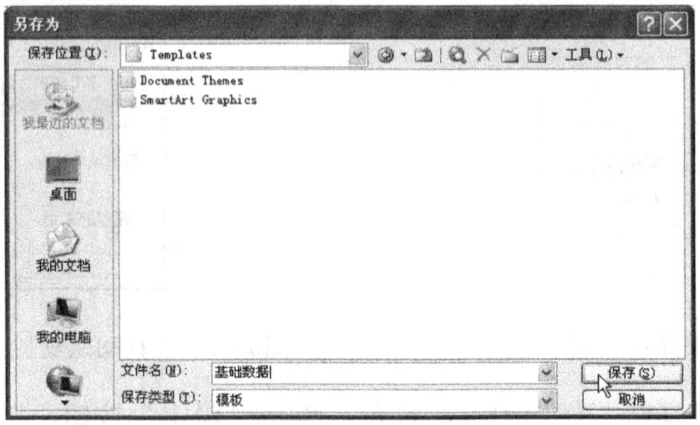

图2-46 “另存为”对话框

（3）单击“保存”按钮，工作簿将以模板形式保存。

2. 使用模板

（1）打开“新建工作簿”任务窗格，单击“本机上的模板”链接，如图2-47所示。

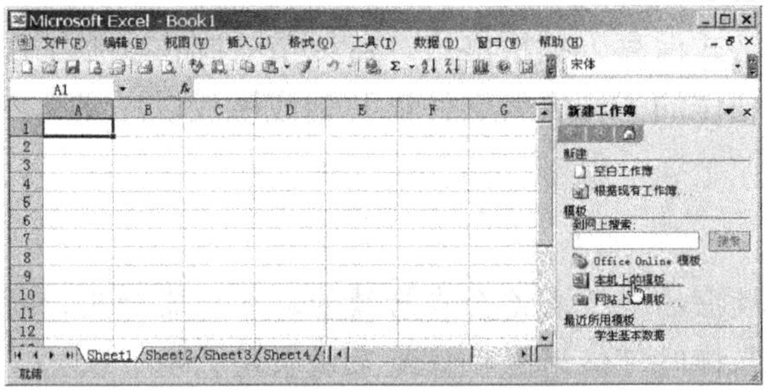

图2-47 选择使用“本机上的模板”

（2）在“模板”对话框的“常用”选项卡中，选择新建的“基础数据”模板，如图2-48所示。

提示：如果建立模板时，在“Templates”下建立新文件夹，并将模板文件保存在“Templates\新建文件夹”下，则下次打开“模板”对话框后，会看到增加一个以“新建文件夹”名称命名的选项卡，因此，建立专门的文件夹可以方便模板的分类管理。

（3）单击“确定”按钮可打开模板，此时用户可以修改表格数据并生成新的表格。

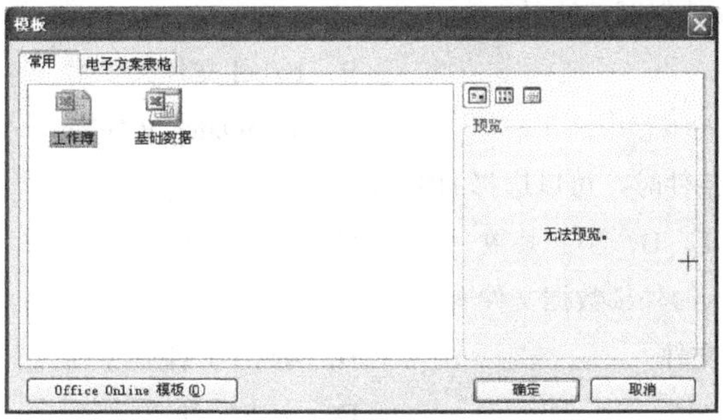

图 2-48　“模板”对话框

任务小结

模板是文档的基本框架和套用的样板，提供构造文档所需要的基本工具和类型。任何 Microsoft Excel 文档都是以模板为基础，模板决定文档的基本结构。使用模板可以快速生成文档的大致框架，从而节省大量的操作时间。

文档模板以文件的形式存储，保存在 Templates 文件夹中的模板文件，能显示在“模板”对话框的“常用”选项卡中，保存在 Templates 文件夹下的任何以.xlt 为后缀名的 Excel 文件都可以起到模板的作用。

建立模板是基础，应用模板是目的，将常用的电子表格保存成模板文件后，创建类似表格时就可以应用模板快速生成表格。

本章小结

本章主要讲解制作常用表格涉及的数据导入、字符格式设置、表格格式设置、条件格式显示设置等内容；使用“数据”菜单项中的“导入数据”功能，可以导入文本文件和 Access 数据库文件；使用“单元格格式”对话框，可以设置单元格中的字符格式、对齐方式，也可以设置单元格的边框、底纹。熟练掌握以上操作，基本可以满足制作常用表格的需要。条件格式显示设置是表格应用的延伸，恰当应用条件格式可以提高特殊内容的查找效率。

利用模板制作常用表格是提高制表效率的最佳选择，因此，办公环境中常用的电子表格可以考虑保存成模板，以在制作类似表格时使用。

习题 2

1．选择题

（1）__________是 Excel 2003 操作系统允许的对齐方式。

A．水平　　B．垂直　　C．方向　　D．文字方向

（2）在“单元格格式”对话框中可以设置__________。

A．字体格式　　B．对齐格式　　C．数字格式　　D．边框格式

（3）Excel 模板自动选择的保存位置是__________。

A．我的文档　　　　B．Excel 文件夹

C．Windows 文件夹　　　　D．Templates 文件夹

（4）单元格中以数值为条件时，可以选择的限制条件是__________。

A．大于某数　　B．小于某数　　C．等于某数　　D．介于两数之间

（5）Excel 2003 允许导入的外部数据文件有__________。

A．Access 数据库文件　　　　B．XML 文件

C．Web 表格　　　　D．文本文件

2．判断题

（1）合并单元格的操作不会丢失数据。　（　　）

（2）在单元格中，只能用改写的方式编辑数据。　（　　）

（3）利用模板可以快速生成新的表格。　（　　）

（4）可以将文本文件中的部分内容导入 Excel 2003。　（　　）

（5）有规律的时间值不可以自动填充输入。　（　　）

3．操作题

（1）按样例制作旅行社游客接待汇总表表格，完成后保存在“我的文档”中，文件名为“练习 2-1”。

旅行社游客接待汇总表样例：

	A	B	C	D	E	F	G	H
1	“黄金周”旅行社国内旅游接待情况汇总表							
2								
3	填报单位：__________							
4	综合汇总单位：__________					表　号：		
5	汇总单位数：___					制表机关：		
6								
7	日期	国内旅游接待团数、人数					国内旅游组团数、人数	
8				其中：在本市旅游团数、人数				
9						其中：本市居民		
10		团数（个）	人数（人次）	团数（个）	人数（人次）	人数（人次）	团数（个）	人数（人次）
11	“黄金周”第一天							
12	“黄金周”第二天							
13	“黄金周”第三天							
14	“黄金周”第四天							
15	“黄金周”第五天							
16	“黄金周”第六天							
17	“黄金周”第七天							
18	合计							
19								
20	填表人：		联系电话：			填表日期：	年　月	日
21								
22	填表说明：							

（2）按样例制作个人所得税明细表表格，完成后保存在“我的文档”中，文件名为“练习 2-2”。

个人所得税明细表样例：

SB0009 － 2（2004年版）

扣缴个人所得税明细报告表

填表日期：2004 年 2 月 9 日

税款所得期 2004 年 1 月 1 日至 2004 年 1 月 31 日　　　　金额单位：元（列至角分）

扣税义务人登记号	440100	扣缴义务人电脑编码	00000-J00	联系电话	12345678
扣税义务人名称（盖章）	XXX市xxx有限公司	注册地址	XX路一百九十号	邮政编码	510100
注册类型	JT	法人代表	ABC	纳税帐户开户银行	0
				账号	0

纳税人姓名	纳税号或身份证号	用工方式	所得项目	所属期间	收入额						按规定扣除项目			减费用额	应纳税所得额	税率	速算扣除数	扣缴所得税额	代扣代收凭证字号	代扣代收日期
					人民币	外币				人民币合计	社保费	住房公积金	其他							
						货币名称	金额	外汇牌价	折合人民币											
张三			工资、薪金	2004年1月	2800.00				0.00	2800.00	200	100	340	1260	900.00	10%	25	65.00		
李四			工资、薪金	2004年1月	2300.00				0.00	2300.00	150	80	340	1260	470.00	5%	0	23.50		
																小计		88.50		
																合计		88.50		

附表共 1 份

扣缴义务人声明：我声明：此扣缴申报表是根据《中华人民共和国个人所得税法》的规定填报的，我确信它是真实的、可靠的、完整的。如有不实，我愿承担法律责任
扣缴义务人签字：
2004 年 2 月 9 日

代理人声明：本纳税申报表是按照国家税法和税务机关有关规定填写的，我确信是真实的、合法的。如有不实，我愿承担法律责任。
代理人（盖章）：　　经办人签名：
年 月 日

会计主管签名：　　财务负责人签名：　　填表人签名：

以下由税务机关填写

受理申报日期：　　受理人签名：　　录入日期：　　录入人签名：

第 3 章　计算电子表格数据

数据计算是表格应用过程中的重要内容，也是数据管理者必须面对的繁重任务。在现实工作中，表格数据计算不仅数据量大，计算形式也很复杂，有些计算对象也可能会频繁变化。若将手工计算工作量大，操作繁琐的表格数据输入电子表格，使用公式和函数的计算功能完成计算任务，就会大幅度地提高计算工作效率，可见表格计算是使用电子表格的用户应该掌握的重要内容。作为电子表格软件，Excel 2003 具有强大的表格数据计算功能。

任务 1　使用公式计算

表格数据计算是日常办公经常遇到的问题。通常，用户面对的表格计算内容不仅计算量大，计算对象也频繁变化，若使用公式则可以方便、快捷地完成计算任务。

任务描述

表格数据计算是电子表格管理中经常性的工作，高效、准确地完成表格计算任务也因此成为表格用户必须掌握的基本技能。作为书店会计的小李，每天都要上报当天书店图书的销售量、销售额、利润等情况。手工计算非常繁琐，他试着将书店营销的一些数据输入 Excel 表格，然后利用 Excel 的公式计算功能统计销售情况。小王制作的图书销售报表如样例 3-1 所示。

样例 3-1:

	A	B	C	D	E	F	G	H	I	J	K
1	学者书店销售情况										
2	类别		作者	出版社	定价	库存量	销售数量	结余数量	销售额	利润	利润率
3	JJ-001	计算机基础	李立强	人民邮电出版社	25	100	26	74	650	195	0.30
4	JZ-001	计算机网络	袁园	高等教育出版社	38	90	12	78	456	136.8	
5	JJ-002	计算机文化	王伟华	海洋出版社	27	100	35	65	945	283.5	
6	JZ-002	VB.NET程序设计	王雄	电子工业出版社	32	80	8	72	256	76.8	
7	JZ-003	数据库原理	戴同兴	机械工业出版社	35	85	16	69	560	168	
8	总计								2867	860.1	
9											

任务分析

使用公式进行表格数据计算，涉及公式输入、单元格引用等内容，针对不同对象、不同环境，有选择地应用相应技术，才能有效解决计算中可能遇到的各种问题。因此，使用公式计算表格数据的任务可以被分解为以下过程：

直接输入公式计算表格数据；

思考使用公式计算表格数据的缺陷。

任务操作

1. 直接输入公式计算表格数据

（1）启动 Excel 2003，建立一个新的工作簿。

（2）在工作表中输入基本数据，并按样例 3-1 的格式进行排版，基本数据表格如图 3-1 所示。

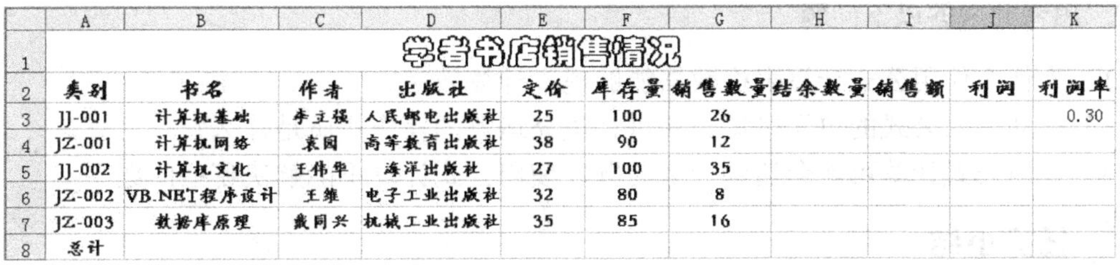

	A	B	C	D	E	F	G	H	I	J	K
1	学者书店销售情况										
2	类别	书名	作者	出版社	定价	库存量	销售数量	结余数量	销售额	利润	利润率
3	JJ-001	计算机基础	李立强	人民邮电出版社	25	100	26				0.30
4	JZ-001	计算机网络	袁园	高等教育出版社	38	90	12				
5	JJ-002	计算机文化	王伟华	海洋出版社	27	100	35				
6	JZ-002	VB.NET程序设计	王维	电子工业出版社	32	80	8				
7	JZ-003	数据库原理	戴同兴	机械工业出版社	35	85	16				
8	总计										

图 3-1　基本数据表格

（3）单击 H3 单元格，在单元格内输入公式“=F3–G3”，如图 3-2 所示，按【Enter】键，结果显示在 H3 单元格中。

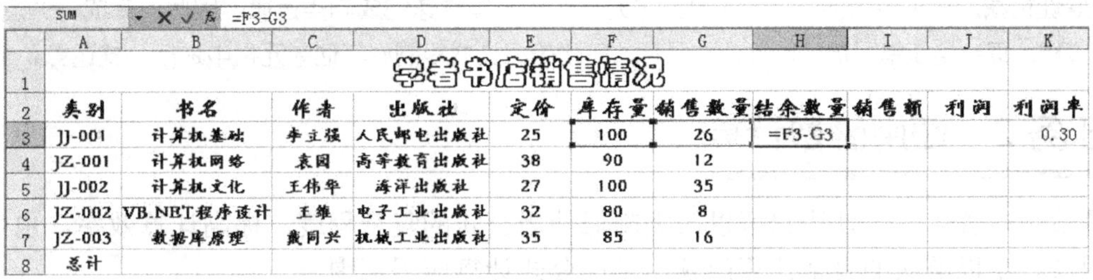

SUM　=F3-G3

	A	B	C	D	E	F	G	H	I	J	K
1	学者书店销售情况										
2	类别	书名	作者	出版社	定价	库存量	销售数量	结余数量	销售额	利润	利润率
3	JJ-001	计算机基础	李立强	人民邮电出版社	25	100	26	=F3-G3			0.30
4	JZ-001	计算机网络	袁园	高等教育出版社	38	90	12				
5	JJ-002	计算机文化	王伟华	海洋出版社	27	100	35				
6	JZ-002	VB.NET程序设计	王维	电子工业出版社	32	80	8				
7	JZ-003	数据库原理	戴同兴	机械工业出版社	35	85	16				
8	总计										

图 3-2　输入公式

（4）拖动 H3 单元格的填充柄至 H7 单元格释放，其他书种的结余数量会显示在相应的单元格中，填充结果如图 3-3 所示。

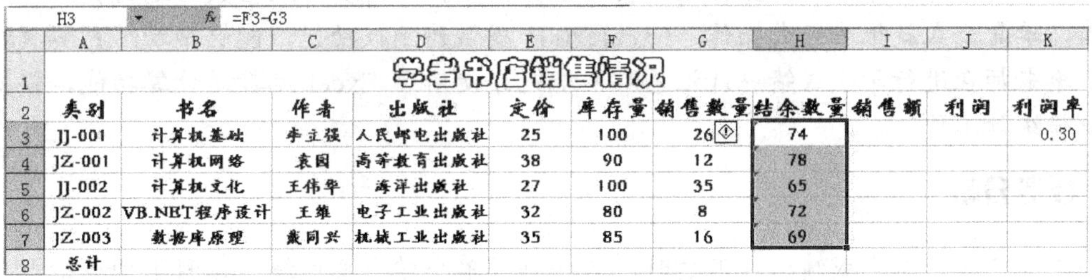

H3　=F3-G3

	A	B	C	D	E	F	G	H	I	J	K
1	学者书店销售情况										
2	类别	书名	作者	出版社	定价	库存量	销售数量	结余数量	销售额	利润	利润率
3	JJ-001	计算机基础	李立强	人民邮电出版社	25	100	26	74			0.30
4	JZ-001	计算机网络	袁园	高等教育出版社	38	90	12	78			
5	JJ-002	计算机文化	王伟华	海洋出版社	27	100	35	65			
6	JZ-002	VB.NET程序设计	王维	电子工业出版社	32	80	8	72			
7	JZ-003	数据库原理	戴同兴	机械工业出版社	35	85	16	69			
8	总计										

图 3-3　填充结果

（5）参照步骤（3）、（4）的方法，分别在 I3 单元格中输入公式“=G3*E3”，在 J3 单元格中输入公式“=I3*$K$3”，在 I8 单元格中输入公式“=I3+I4+I5+I6+I7”，在 J8 单元格中输入公式“=J3+J4+J5+J6+J7”，运算结果会显示在相应的单元格中，结果如图 3-4 所示。

	A	B	C	D	E	F	G	H	I	J	K
1	学者书店销售情况										
2	类别		作者	出版社	定价	库存量	销售数量	结余数量	销售额	利润	利润率
3	JJ-001	计算机基础	李立强	人民邮电出版社	25	100	26	74	650	195	0.30
4	JZ-001	计算机网络	袁园	高等教育出版社	38	90	12	78	456	136.8	
5	JJ-002	计算机文化	王伟华	海洋出版社	27	100	35	65	945	283.5	
6	JZ-002	VB.NET程序设计	王维	电子工业出版社	32	80	8	72	256	76.8	
7	JZ-003	数据库原理	戴同兴	机械工业出版社	35	85	16	69	560	168	
8	总计								2867	860.1	
9											

图 3-4　完成全部计算的电子表格

2. 思考并回答以下问题

（1）为什么使用公式计算表格数据能够提高计算效率？

（2）拖动输入公式的单元格填充柄进行填充运算的操作实质是什么？

（3）使用公式计算可能会遇到什么问题？使用公式计算不能解决哪些问题？

任务小结

使用公式计算表格数据既简单又方便，用户只需在运算结果单元格内输入运算公式，即可得到运算结果。使用公式计算表格数据的好处，不仅在于能够快速得到相同计算的结果，也会在参与运算的数值改变后自动更新运算结果。任务中的计算公式“结余数量＝库存量－销售数量”，没有使用常量相减，而是采用单元格地址相减，其主要目的就是为了借助单元格引用功能快速完成同类运算。因此，完成任务运算包含了两个过程，其一是在单元格中进行公式运算，其二是将公式复制到其他单元格中进行公式运算。

任务 2　使用函数计算

函数是内置公式，使用它可以大大降低使用公式的复杂程度，提高计算效率，也可以解决使用公式难以解决的复杂计算问题，拓展公式计算应用范围。

任务描述

在表格数据计算中，经常会遇到求和、求平均值、数值分类等一系列问题，使用公式可以完成相应的计算任务，但是操作过程繁琐且易出错。若需要对表格数据进行判断，然后进行计算，单靠公式就很难完成操作。Excel 2003 提供的函数功能，能够帮助用户解决这些难题。小李老师在进行学生成绩统计汇总时，就充分使用了 Excel 函数的计算功能，轻松地完成了成绩统计工作。

任务分析

小李老师进行学生成绩统计汇总时，会遇到求单个学生总成绩、各科平均成绩、单科最高分、优秀率等问题。若充分使用 Excel 内置函数，可以方便、快速地完成计算任务。根据函数的计算功能，可以将小李老师统计学生成绩的任务分解为以下过程：

计算个人总分；

计算各科最高、最低和平均分；

计算学生成绩优秀率。

任务操作

1．计算个人总分

（1）制作如图 3-5 所示的“学生成绩登记表”。

（2）单击 F3 单元格。

（3）单击“常用”工具栏中“自动求和”按钮的下拉箭头，打开下拉列表，选择“求和”选项，如图 3-6 所示。

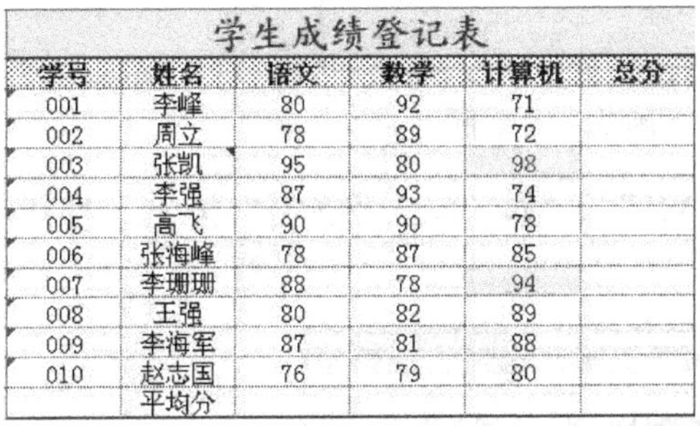

学生成绩登记表

学号	姓名	语文	数学	计算机	总分
001	李峰	80	92	71	
002	周立	78	89	72	
003	张凯	95	80	98	
004	李强	87	93	74	
005	高飞	90	90	78	
006	张海峰	78	87	85	
007	李珊珊	88	78	94	
008	王强	80	82	89	
009	李海军	87	81	88	
010	赵志国	76	79	80	
	平均分				

图 3-5　学生成绩登记表

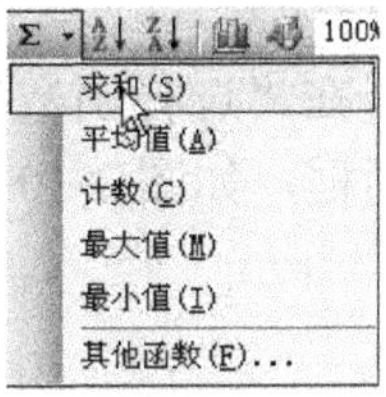

图 3-6　选择“求和”选项

（4）在 C3:E3 单元格区域四周出现虚线框，表示需要求和的单元格区域，如图 3-7 所示。

（5）按【Enter】键，完成求和运算，F3 单元格显示出求和结果。

（6）单击 F3 单元格，鼠标指针指向单元格右下角的填充柄，当指针变成黑色“十”字时，拖动至 F12 单元格，释放鼠标，求出其他同学的总成绩，如图 3-8 所示。

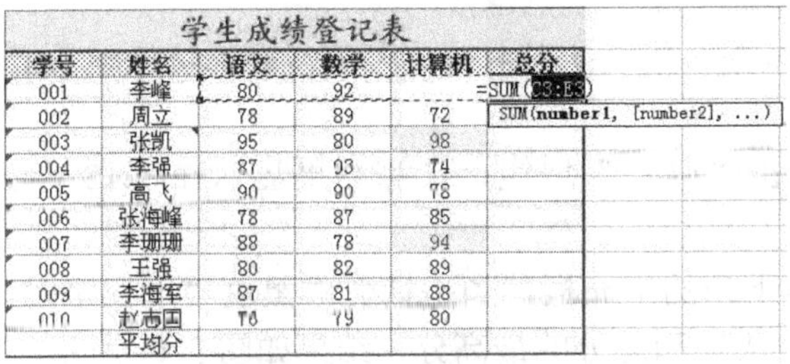

学生成绩登记表

学号	姓名	语文	数学	计算机	总分
001	李峰	80	92		=SUM(C3:E3)
002	周立	78	89	72	SUM(number1, [number2], ...)
003	张凯	95	80	98	
004	李强	87	93	74	
005	高飞	90	90	78	
006	张海峰	78	87	85	
007	李珊珊	88	78	94	
008	王强	80	82	89	
009	李海军	87	81	88	
010	赵志国	76	79	80	
	平均分				

图 3-7　显示求和区域

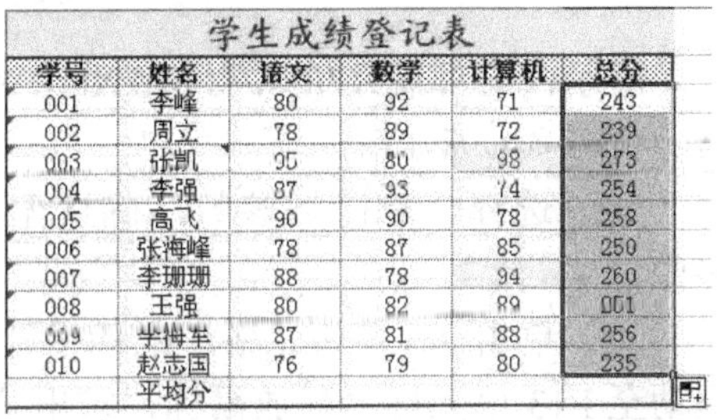

学生成绩登记表

学号	姓名	语文	数学	计算机	总分
001	李峰	80	92	71	243
002	周立	78	89	72	239
003	张凯	95	80	98	273
004	李强	87	93	74	254
005	高飞	90	90	78	258
006	张海峰	78	87	85	250
007	李珊珊	88	78	94	260
008	王强	80	82	89	251
009	李海军	87	81	88	256
010	赵志国	76	79	80	235
	平均分				

图 3-8　拖动求和

（7）单击“常用”工具栏中的“保存”按钮，保存“学生成绩登记表”。

2．计算各科的最高、最低和平均分

（1）打开“学生成绩登记表”。

（2）选择“平均分”所在行，单击鼠标右键，在弹出的快捷菜单中选择“插入”选项，新插入两行，在 B13 和 B14 单元格内分别输入文本“最高分”和“最低分”。

（3）选中 C13 单元格，执行“插入”→“函数”命令，打开“插入函数”对话框，同时编辑栏自动添加“=”，“插入函数”对话框如图 3-9 所示。

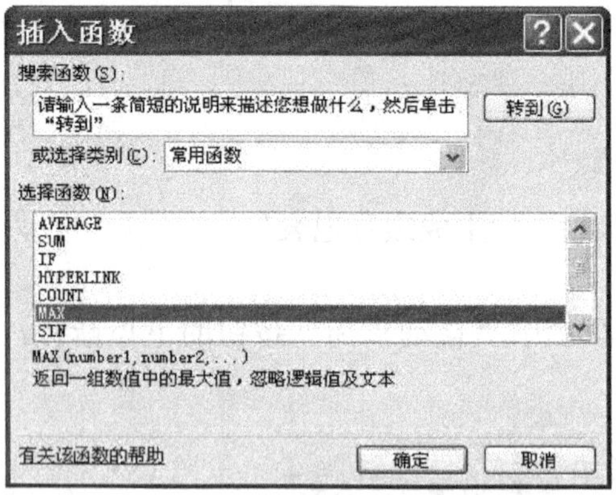

图 3-9 “插入函数”对话框

（4）在“选择函数”列表框中选择“MAX”函数，单击“确定”按钮，打开“函数参数”对话框，如图 3-10 所示。

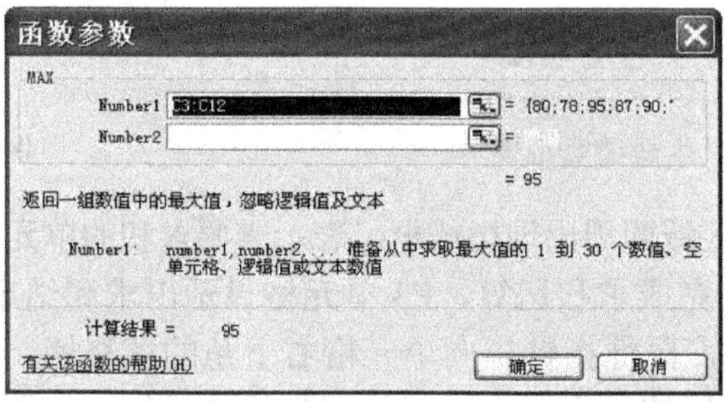

图 3-10 “函数参数”对话框

提示： 使用最大值函数 MAX()，可以快速查找选定范围内的最大值，最小值函数 MIN()的功能与之相反。

（5）选择计算区域参数，确认无误后单击“确定”按钮，计算结果显示在 C13 单元格中。

（6）单击 C13 单元格，鼠标指针指向右下角的填充柄，当指针变成黑色“十”字时，拖动至 F13 单元格，释放鼠标，求出其他单科成绩和总分的最高分，结果如图 3-11 所示。

（7）选中 C14 单元格，执行“插入”→“函数”命令，打开“插入函数”对话框，同时编辑栏自动添加“=”。

学生成绩登记表					
学号	姓名	语文	数学	计算机	总分
001	李峰	80	92	71	243
002	周立	78	89	72	239
003	张凯	95	80	98	273
004	李强	87	93	74	254
005	高飞	90	90	78	258
006	张海峰	78	87	85	250
007	李珊珊	88	78	94	260
008	王强	80	82	89	251
009	李海军	87	81	88	256
010	赵志国	76	79	80	235
	最高分	95	93	98	273
	最低分				
	平均分				

图 3-11 最大值计算结果

（8）在“插入函数”对话框的“或选择类别”下拉列表中选择“全部”，在“选择函数”列表框中选择“MIN”函数，如图 3-12 所示。

（9）单击“确定”按钮，打开“函数参数”对话框，选择计算区域参数，确认无误后单击“确定”按钮，在 C14 单元格显示最低分结果。

（10）使用拖动填充的方法计算其他项的最低分。

（11）选中 C15:F15 单元格区域，单击鼠标右键，在弹出的快捷菜单中选择“设置单元格格式”选项，打开“单元格格式”对话框，在“数字”选项卡的“分类”选项中选择“数值”选项，在“小数位数”文本框中输入数值“2”，单击“确定”按钮，如图 3-13 所示。

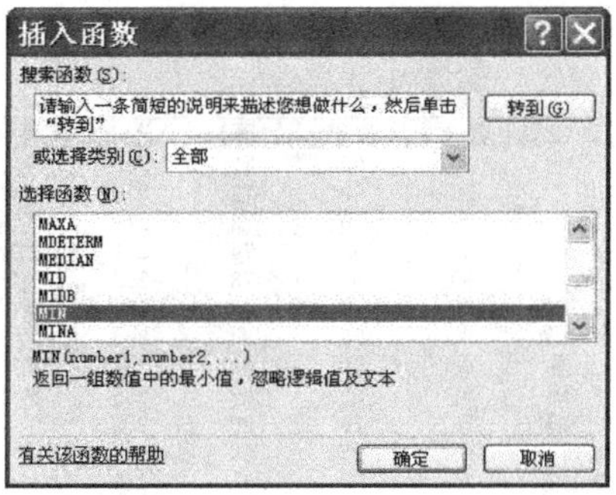

图 3-12　选择最小值函数

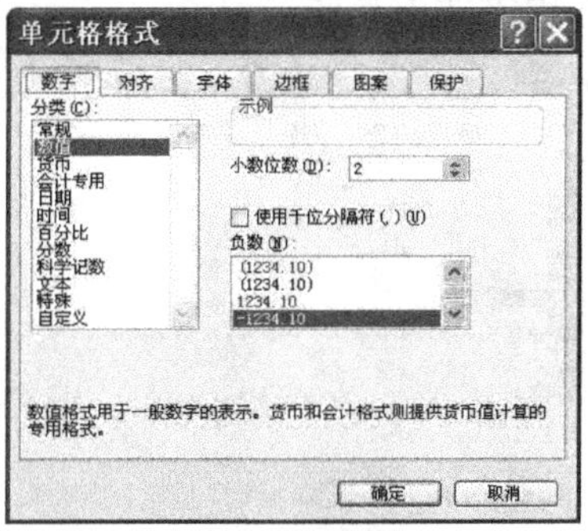

图 3-13　“单元格格式”对话框

（12）参照步骤（3）～（6）的操作，选择“AVERAGE”函数，求出各科及总分的平均值，结果如图 3-14 所示。

（13）以“学生成绩登记表 1”为文件名保存文件。

3．计算学生成绩优秀率

（1）打开“学生成绩登记表 1”。

（2）在 G2 单元格中输入文本“成绩等级”，进行格式排版。

（3）在 G3 单元格中输入公式“=IF（F3>=260，"优秀"，IF（F3>=240，"良好"，IF（F3>=180，"中等"，IF（F3<180，"尚需努力"））））”，按【Enter】键，成绩等级结果显示在 G3 单元格中。

提示：IF 函数是 Excel 工作表中应用最广泛的函数之一，也是一个比较难和比较灵活的函数。IF 函数执行真假值判断，并根据逻辑测试的真假值返回不同的结果。

（4）选中 G3 单元格，使用填充拖动的方法计算其他人员的成绩等级，如图 3-15 所示。

学生成绩登记表

学号	姓名	语文	数学	计算机	总分
001	李峰	80	92	71	243
002	周立	78	89	72	239
003	张凯	95	80	98	273
004	李强	87	93	74	254
005	高飞	90	90	78	258
006	张海峰	78	87	85	250
007	李珊珊	88	78	94	260
008	王强	80	82	89	251
009	李海军	87	81	88	256
010	赵志国	76	79	80	235
	最高分	95	93	98	273
	最低分	76	78	71	235
	平均分	84.17	85.17	83.17	252.25

图 3-14　平均值计算结果

学生成绩登记表

学号	姓名	语文	数学	计算机	总分	成绩等级
001	李峰	80	92	71	243	良好
002	周立	78	89	72	239	中等
003	张凯	95	80	98	273	优秀
004	李强	87	93	74	254	良好
005	高飞	90	90	78	258	良好
006	张海峰	78	87	85	250	良好
007	李珊珊	88	78	94	260	优秀
008	王强	80	82	89	251	良好
009	李海军	87	81	88	256	良好
010	赵志国	76	79	80	235	中等
	最高分	95	93	98	273	
	最低分	76	78	71	235	
	平均分	84.17	85.17	83.17	252.25	

图 3-15　使用 IF 函数判断成绩等级

（5）在 B16、B17 单元格中分别输入文本“优秀人数”、“优秀率”。

（6）在 C16 单元格中输入“=COUNTIF（G3:G12，"优秀"）”，按【Enter】键，优秀人数的结果显示在 C16 单元格中。

（7）选中 C17 单元格，单击鼠标右键，在弹出的快捷菜单中选择“设置单元格格式”选项，打开“单元格格式”对话框，在“数字”选项卡的“分类”选项中选择“百分比”选项，在“小数位数”文本框中输入数值“1”，单击“确定”按钮。设置数字格式如图 3-16 所示。

（8）在 C17 单元格中输入“=C16/COUNT（F3:F12）”，按【Enter】键，学生成绩的优秀率结果显示在 C17 单元格中，如图 3-17 所示。

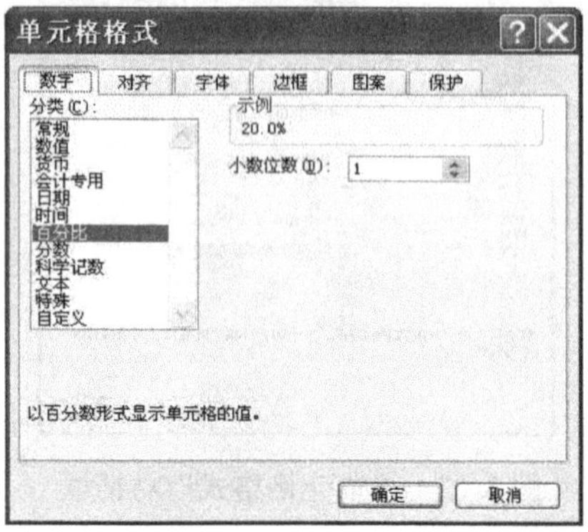

图 3-16　设置数字格式

学生成绩登记表

学号	姓名	语文	数学	计算机	总分	成绩等级
001	李峰	80	92	71	243	良好
002	周立	78	89	72	239	中等
003	张凯	95	80	98	273	优秀
004	李强	87	93	74	254	良好
005	高飞	90	90	78	258	良好
006	张海峰	78	87	85	250	良好
007	李珊珊	88	78	94	260	优秀
008	王强	80	82	89	251	良好
009	李海军	87	81	88	256	良好
010	赵志国	76	79	80	235	中等
	最高分	95	93	98	273	
	最低分	76	78	71	235	
	平均分	84.17	85.17	83.17	252.25	
	优秀人数	2				
	优秀率	20.0%				

图 3-17　计算结果

（9）以“学生成绩登记表 2”为文件名保存文件。

任务小结

函数是为了方便用户计算特定内容预先内置的公式，函数计算的本质与公式计算并无差异，公式中也可以包含函数，以构成更复杂的计算公式。在使用函数计算的任务中，共使用了 6 种函数，说明了函数不仅能够快速完成计算任务，也能完成简单公式不能完成的复杂计算任务。

在 Excel 中有几百个内部函数，为了方便使用，系统对其进行了分类。常用函数类集中了使用频率较高的函数，如 SUM()、AVERAGE()等；财务函数是用来进行一般性财务报表计算的函数，如确定贷款的支付额、投资的未来值、债券或股票的价值等；日期和时间函数可以分析、处理日期和时间值，或用来查找和返回一个日期或时间值；数学与三角函数可以处理简单和复杂的数学计算，是数学公式中经常用到的函数；统计函数用于数据的统计分析，如 VAR()、RSQ()等；查找和引用函数能够使用户在数据清单或表格中查找特定地址，如 ADDRESS()函数能以文字形式显示某个单元格的引用情况；数据库函数是分析数据清单数值的专门函数，如 DAVERAGE()等；文本函数用于处理公式中的字符串；逻辑函数可以进行逻辑判断；信息函数可以确定单元格中的数据类型。

知识链接

1. 公式

公式是由常量、单元格引用、单元格名称、函数和运算符组成的字符串，也是在工作表中对数据进行分析的算式，可以对工作表中的数据进行加、减、乘、除等运算。在使用公式运算的过程中，可以引用同一个工作表中不同的单元格、同一个工作簿不同工作表中的单元格，也可以引用其他工作簿中的单元格。

1）运算符

运算符是连接数据组成公式的符号，公式中的数据根据运算符的性质和级别进行运算。运算符可以分为 4 种类型，如表 3-1 所示。

表 3-1 运算符的类型和级别

运算符类型	运算符符号	运算符优先级
算术运算符	+（加）-（减）*（乘）/（除） %（百分号） ^(乘方)	先计算括号内的运算，先乘方后乘除，先乘除后加减；同级运算按从左到右的顺序进行
比较运算符	=（等于） >(大于) <(小于) >=(大于等于) <=(小于等于) <>(不等于)	
文本运算符	&	
引用运算符	：（区域运算符，对在两个引用之内的区域所包含的所有单元格进行引用） ，（联合运算符，将多个引用合并为一个引用） 空格（交叉运算符，产生同时隶属于两个引用单元格区域的引用）	

2）公式的组成

Excel 中所有的计算公式都是以“=”开始的，除此之外，它与数学公式的构成基本相同，也由参与计算的参数和运算符组成。参与计算的参数可以是常量、变量、单元格地址、单元格名称和函数，但不允许出现空格。

2. 单元格引用

使用引用可以为计算带来很多方便，但同时也会出现一些问题，尤其是在用户进行公式复制的时候。当把计算公式从一个单元格复制到另一个单元格后，公式会发生改变，改变的原因就是在创建公式时使用了引用。

1）相对引用

相对引用是指单元格引用会随公式所在单元格的位置变化而变化。公式中单元格的地址是指当前单元格的相对位置。当使用该公式的活动单元格地址发生改变时，公式中所引用的单元格地址也相应发生变化。

2）绝对引用

绝对引用是指引用特定位置的单元格，公式中引用的单元格地址不随当前单元格的位置改变而改变。在使用时，单元格地址的列标和行号前增加一个字符“$”。

3）混合引用

根据实际情况，在公式中同时使用相对引用和绝对引用，称为混合引用。如$A1、A$1 都是混合引用，其中$A1 表示列地址不变，行地址变化；而 A$1 表示行地址不变，列地址变化。

4）快速改变引用类型

在输入绝对引用和混合引用时，都要输入$这个字符，如果操作不熟练，不但输入效率低，也容易出错。Excel 允许使用【F4】键快速改变引用类型，具体操作如下：

① 选择单元格，输入单元格地址，如“=G3”。

② 按【F4】键，编辑栏中的引用类型变为“=$G$3”。

③ 再按一次【F4】键，变为混合引用，此时列为相对、行为绝对，即为“=G$3”。

④ 第 3 次按【F4】键，混合引用变为列为绝对、行为相对，即为“=$G3”。

⑤ 第 4 次按【F4】键，返回原来的相对引用格式。

提示：如果一个公式有多个引用，则以上操作只对选中的引用起作用。

5）其他工作表中的单元格引用

Excel 允许引用同一个工作簿不同工作表中的单元格，引用格式为“工作表名!：单元格地址”，工作表名后面的“!”由系统自动添加。如在“Sheet1”工作表的单元格“G3”输入公式“=Sheet2!：A1+A2”，表明工作表“Sheet2”中的单元格“A1”和工作表“Sheet1”中的单元格“A2”相加，结果放置在工作表“Sheet1”中的“G3”单元格中。

6）其他工作簿中的单元格引用

Excel 也允许引用其他工作簿中的单元格，引用格式为“=‘路径\[工作簿]工作表名’!单元格地址”。如在单元格“G3”中引用“D:\Excel\”目录下“chengji.xls”文件中“Sheet1”表的 C5 单元格，引用公式表述为“=‘D:\Excel\[chengji]Sheet1’!C5”。

提示：引用打开工作簿中的单元格，可以省略文件路径。

3. 函数

函数是一些已经定义好的公式，大多数函数经常使用公式的简写形式。

1）函数的格式

函数由函数名和参数组成，函数的一般格式为：函数名（参数）

输入函数有两种方法，一种是在单元格中直接输入，这与在单元格中输入公式的方法一样，只需先输入一个“=”，然后输入函数本身即可；另一种是通过命令的方式插入函数。

2）函数的嵌套

所谓函数嵌套是指函数的参数是一个函数公式，被嵌套的函数返回值必须是符合当前函数要求的参数类型。如果嵌套函数返回的数值类型不正确，会显示“#VALUE”，提示计算错误。

函数嵌套可以有多层，最外层的函数为一级函数，逐渐向里层依次为二级函数、三级函数……。用户可以直接使用输入的方法嵌套函数，也可以使用“插入函数”对话框插入函数。

任务拓展　进行公式审核

使用公式可以方便地计算表格数据，若公式中有潜在的错误，就很难保证数据计算的正确性，因此，对表格计算公式进行必要的审核，发现出错的原因，是保证数据计算结果正确的基础。

任务描述

小李虽然使用公式快速完成了图书销售报表的计算工作，然而对计算中有没有公式引用错误；若真是计算中出现错误，显示计算结果为“#VALUE”，该如何查找错误这些问题并不十分清楚。这些问题看似简单，但是，面对庞大计算量的表格，掌握快速查找、消除错误的方法，是正确、高效完成表格计算的基础，也是小李必须了解的内容。

任务分析

Excel 的公式审核功能提供有追踪引用单元格、追踪错误等多种操作，追踪单元格可以发现计算引用的单元格是否正确，追踪错误可以发现造成错误的原因，快速修正错误，因此，进行公式审核的任务可以被分解为以下过程：

追踪引用单元格；

追踪错误；

添加监视。

任务操作

1．追踪引用单元格

（1）选中需要审核的单元格。

（2）执行“工具”→“公式审核”→“追踪引用单元格”命令后，工作表中引用单元格以蓝色箭头的形式指向选中单元格，如图 3-18 所示。

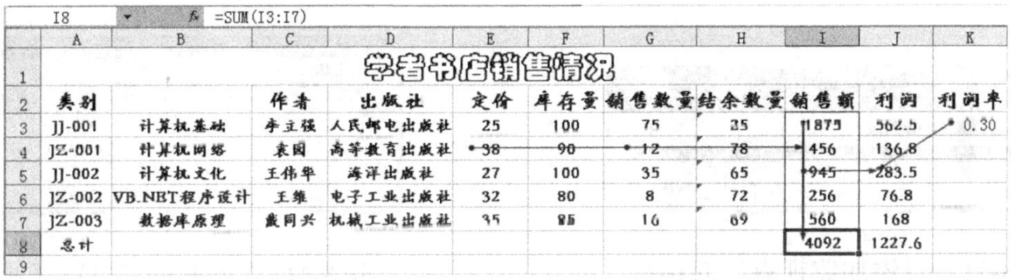

I8 =SUM(I3:I7)

	A	B	C	D	E	F	G	H	I	J	K
1	学者书店销售情况										
2	类别		作者	出版社	定价	库存量	销售数量	结余数量	销售额	利润	利润率
3	JJ-001	计算机基础	李立强	人民邮电出版社	25	100	75	25	1875	562.5	0.30
4	JZ-001	计算机网络	袁园	高等教育出版社	38	90	12	78	456	136.8	
5	JJ-002	计算机文化	王伟华	海洋出版社	27	100	35	65	945	283.5	
6	JZ-002	VB.NET程序设计	王维	电子工业出版社	32	80	8	72	256	76.8	
7	JZ-003	数据库原理	戴同兴	机械工业出版社	35	85	16	69	560	168	
8	总计								4092	1227.6	
9											

图 3-18 追踪引用单元格

（3）单元格引用审核完毕后，执行“工具”→“公式审核”→“取消所有追踪箭头”命令，取消单元格引用指示。

2．追踪错误

（1）选中需要追踪错误的单元格 J3。

（2）执行“工具”→“公式审核”→“追踪错误”命令，在工作表中的 I3 和 K3 为引用单元格，它们以蓝色箭头的形式指向出现错误的单元格，如图 3-19 所示。

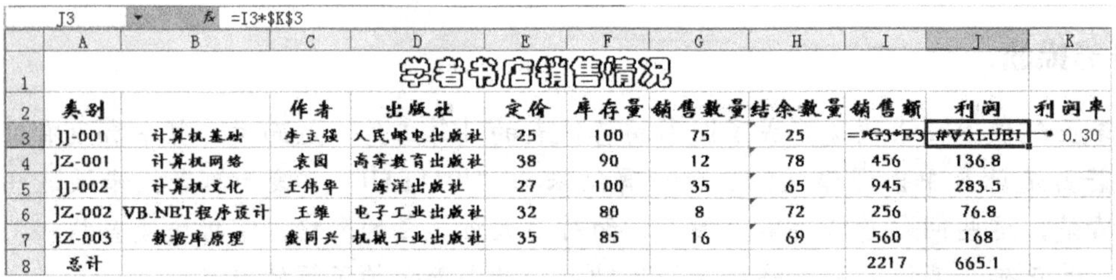

J3 =I3*$K$3

	A	B	C	D	E	F	G	H	I	J	K
1	学者书店销售情况										
2	类别		作者	出版社	定价	库存量	销售数量	结余数量	销售额	利润	利润率
3	JJ-001	计算机基础	李立强	人民邮电出版社	25	100	75	25	=*G3*B3	#VALUE!	0.30
4	JZ-001	计算机网络	袁园	高等教育出版社	38	90	12	78	456	136.8	
5	JJ-002	计算机文化	王伟华	海洋出版社	27	100	35	65	945	283.5	
6	JZ-002	VB.NET程序设计	王维	电子工业出版社	32	80	8	72	256	76.8	
7	JZ-003	数据库原理	戴同兴	机械工业出版社	35	85	16	69	560	168	
8	总计								2217	665.1	

图 3-19　追踪错误单元格

（3）很显然，I3 单元格中的公式存在错误，修正引用单元格的错误，并取消引用指示。

3．添加监视

（1）执行“工具”→“公式审核”→“显示监视窗口”命令，打开“监视窗口”任务窗格，如图 3-20 所示。

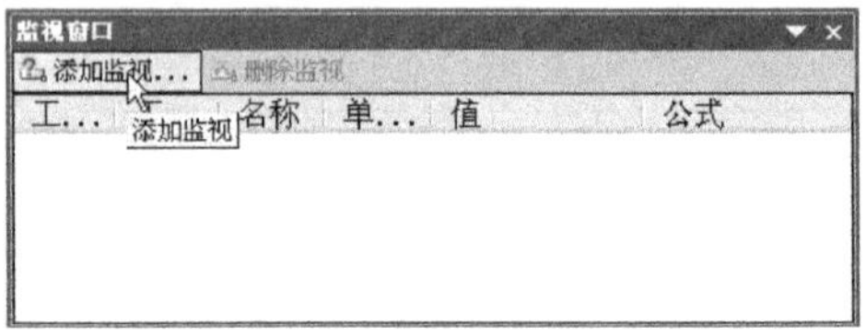

图 3-20　“监视窗口”任务窗格

（2）单击“添加监视”按钮，打开“添加监视点”对话框，如图 3-21 所示。

（3）选择需要监视的单元格，单击“添加”按钮，监视内容被添加到“监视窗口”中，如图 3-22 所示。在“监视窗口”可以查看单元格的内容、公式等项。

图 3-21　“添加监视点”对话框

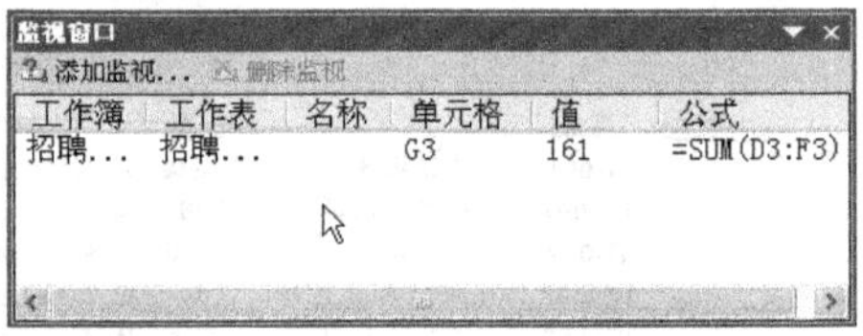

图 3-22　“监视窗口”显示监视内容

（4）执行“工具”→“公式审核”→“隐藏监视窗口”命令，关闭监视窗口。

任务小结

公式审核是方便用户审查公式正确性的重要工具，有效使用能够保证公式计算的准确性，也能快速查找、修正错误。追踪引用单元格主要用于特定单元格公式审核，追踪错误主要用于出错单元格的错误查找，若要检查工作表中的所有公式，可以选择公式审核模式，使工作表的单元格显示计算公式，以方便用户对单元格公式逐一审核。

本章小结

在 Excel 中，所有的计算公式都要以“=”开始，之后才是运算符连接的运算对象。公式可以在单元格中输入，也可以在编辑栏中输入，输入完成后按【Enter】键或单击编辑栏左侧的“√”按钮即可执行公式，运算结果显示在单元格中。

单击含有公式的单元格，在编辑栏中会显示公式，双击含有公式的单元格，公式也会直接显示在单元格中。

单元格有 3 种引用方式，即相对引用、绝对引用和混合引用。

函数是一些已经定义好的公式，使用函数可以完成复杂运算、提高数据的计算效率。

习题 3

1. 选择题

（1）在 Excel 2003 单元格中输入公式，必须以________开头。

A. “=”　　B. “+”　　C. “＃”　　D. “￥”

（2）如果 C2 单元格中的公式是“=$A$2+$B$2”，将 C2 中的公式复制或填充到 C3 单元格，则 C3 单元格的公式是_______。

A. =$A$2+$B$2　　B. =$A$3+$B$3　　C. =A2+B2　　D. =A3+B3

（3）在下列函数中，求平均值的函数是________。

A. SUM( )　　B. IF( )　　C. AVERAGE( )　　D. COUNT( )

（4）公式中可以使用的单元格地址引用形式有__________。

A. 直接引用　　B. 混合引用　　C. 相对引用　　D. 绝对引用

（5）公式的运算符号包括__________。

A. 算术运算符　　B. 比较运算符　　C. 文本运算符　　D. 引用运算符

（6）函数由__________组成。

A. =　　B. 函数名　　C. 参数　　D. 括号

2. 判断题

（1）函数的参数仍然可以是函数。（　）

（2）在输入公式前应先输入“=”。（　）

（3）复制含有相对引用的单元格地址的公式，单元格地址不变。（　）

（4）$A$5 表示引用的单元格行、列地址都变化。（　）

（5）COUNT()是具有统计功能的函数。（　）

3. 操作题

（1）按照样例制作表格并计算，完成后保存在“我的文档”中，文件名为“练习 3-1”。

表格样式：

	A	B	C	D	E
1	易达公司办公经费报表				
2	单位	预算	实际支出	差额	结果
3	办公室	15000	12000		
4	一车间	10000	10300		
5	二车间	20000	25000		
6	三车间	20000	18000		
7	技术科	50000	46000		
8	总计				

操作要求：

① 使用公式计算出办公室预算和实际支出的差额。

② 利用自动填充的方法求出其他单位的差额。

③ 使用函数求出总的预算、实际支出。

④ 在结果栏中进行判断，如果实际支出小于预算，结果输出“正常”；如果实际支出超出预算，则输出“超支”。

（2）按照样例制作表格并计算，完成后保存在“我的文档”中，文件名为“练习 3-2”。

表格样例：

	A	B	C	D
1	工作评价表			
2	姓名	工作量	评价结果	
3	李鹏	1905		优秀人数
4	王永	2389		称职人数
5	李立	1500		不称职人数
6	林晓宁	1685		
7	张娜	2590		
8	汪明	2100		
9	姚建勇	1540		

操作要求：

① 按照给定条件 B2>=2400，“优秀”；B2>=1600，“称职”；B2<1600，“不称职”，计算优秀、称职和不称职人数。

② 计算优秀、称职和不称职比例。

第4章 使用图表

数据图表化就是将单元格中的数据以各种统计图表的形式显示出来，使平面数据立体化，数据表示内容也更加直观、易懂。使用电子表格数据制作的图表，可以在数据源发生变化时自动更新，使图表维护更加方便。

使用 Excel 2003 提供的图表功能可以将系列数据转换为图表，使数据更加清晰易懂、数据表示的含义更形象直观，用户也可以通过图表直接了解到数据之间的关系和变化趋势。

任务1　使用向导创建图表

用平面表格数据表示多个数据之间的关系比较困难，若将表格数据转换为图表，就可以很容易地建立起数据间的关系，方便数据项比较，因此，建立图表是扩大表格数据应用范围的重要举措。

任务描述

为了更好地规划旅游公司的接待工作，直观展示“五一”期间公司的接待情况，小王使用“五一”期间公司接待情况的电子表格数据，建立了如样例 4-1 所示的“华夏旅游公司五一接待情况汇总表”图表。

样例 4-1:

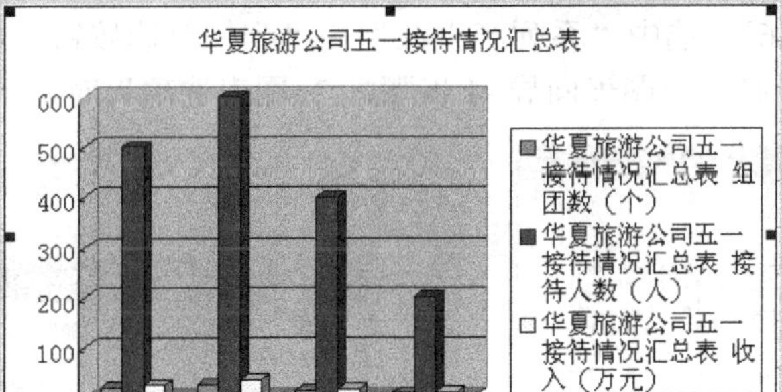

任务分析

用 Excel 2003 创建图表首先需要建立电子表格，然后才能使用图表向导完成创建图表工作，因此，使用向导创建图表的任务可以被分解为以下过程：

使用向导创建图表；

分析创建图表需要考虑的问题。

任务操作

1. 使用向导创建图表

（1）建立用于创建图表的“华夏旅游公司五一接待情况汇总表”工作表，如图 4-1 所示。

（2）在工作表中，选择要绘制图表的 A1:D6 单元格数据区域。选择数据区域时，最好将电子表格的行和列的标题选入，以便生成用标题表示行、列坐标的图表。

（3）执行“插入”→“图表”命令，打开“图表向导–4 步骤之 1–图表类型”对话框，如图 4-2 所示。

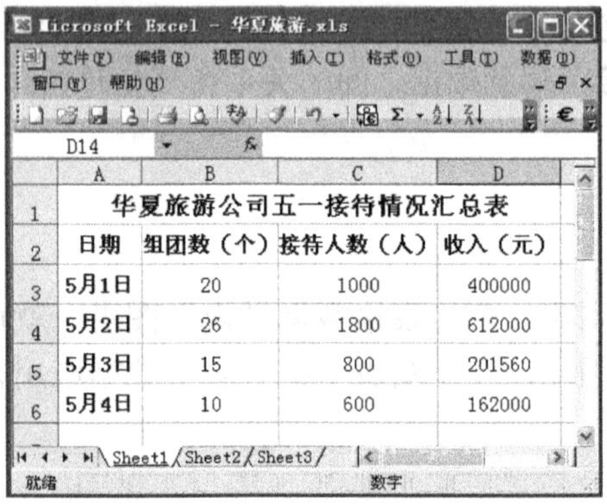

图 4-1　华夏旅游公司五一接待情况汇总表

图 4-2　“图表向导–4 步骤之 1–图表类型”对话框

（4）在“标准类型”选项卡的“图表类型”列表框中，选择“柱形图”，在“子图表类型”列表中选择“三维簇状柱形图”。单击“下一步”按钮，打开“图表向导–4 步骤之 2–图表源数据”对话框，如图 4-3 所示。

（5）在“数据区域”选项卡的“数据区域”文本框中，选择数据单元格的范围，这里选择“=Sheet1!$A$1:$D$6”。选中“系列产生在”的“列”单选按钮，使数据系列来源于列，单击“下一步”按钮，打开“图表向导–4 步骤之 3–图表选项”对话框，如图 4-4 所示。

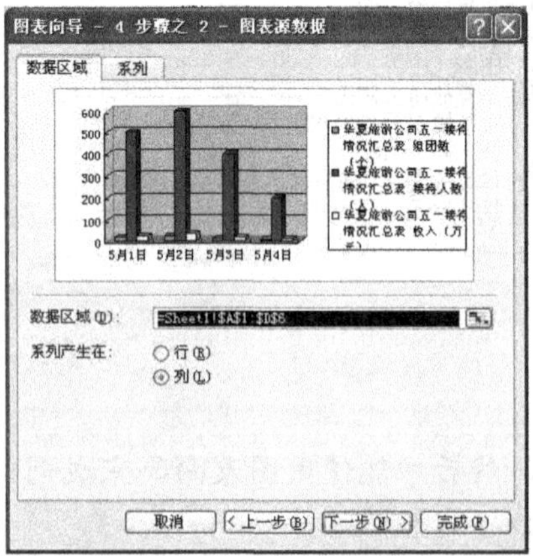

图 4-3　“图表向导–4 步骤之 2–图表源数据”对话框

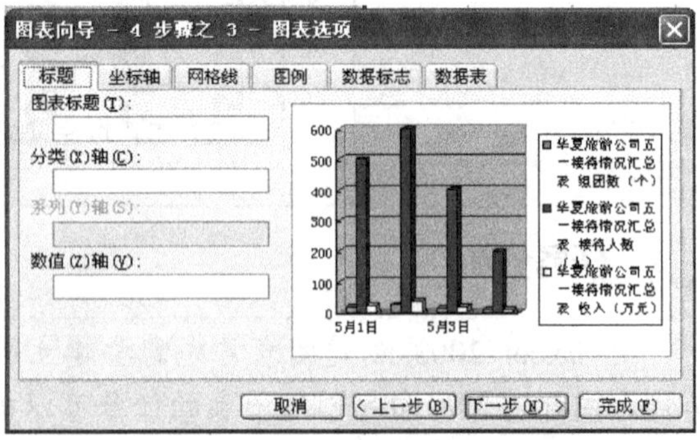

图 4-4　“图表向导–4 步骤之 3–图表选项”对话框

（6）在“标题”选项卡的“图表标题”文本框中，输入“华夏旅游公司五一接待情况汇总表”，单击“下一步”按钮，打开“图表向导–4 步骤之 4–图表位置”对话框，如图 4-5 所示。

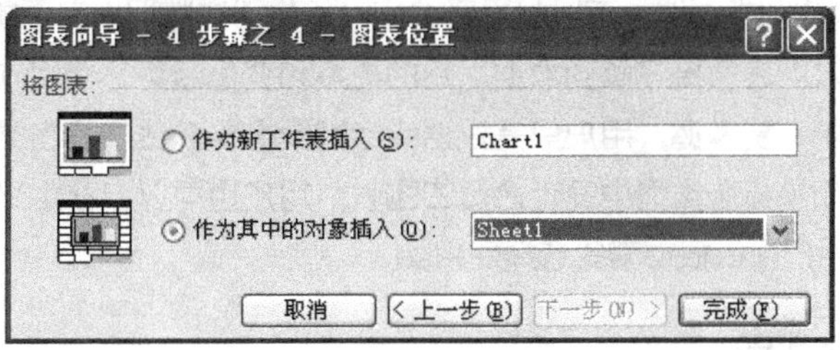

图 4-5　“图表向导–4 步骤之 4–图表位置”对话框

（7）选中“作为其中的对象插入”单选按钮，单击“完成”按钮，在工作表中生成图表，如图 4-6 所示。

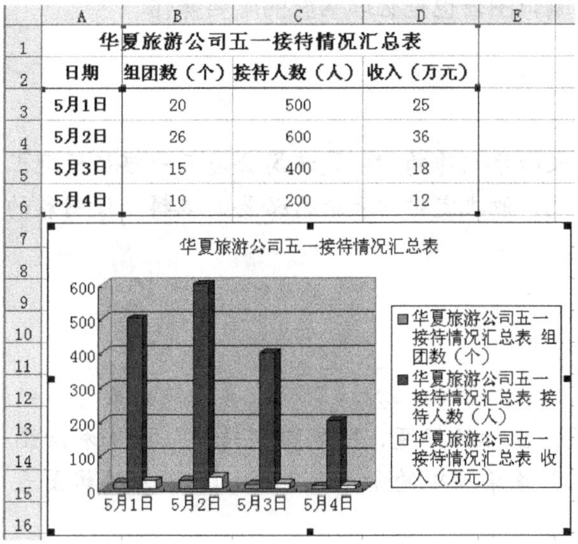

华夏旅游公司五一接待情况汇总表			
日期	组团数（个）	接待人数（人）	收入（万元）
5月1日	20	500	25
5月2日	26	600	36
5月3日	15	400	18
5月4日	10	200	12

图 4-6　“华夏旅游公司五一接待情况汇总表”图表

提示：若选中“作为新工作表插入”单选按钮，将在新的工作表中创建图表。

（8）如果对图表的大小和插入的位置不满意，可以使用鼠标对其进行调整。单击图表，将出现 8 个控点，拖拽控点可以改变图表大小，在图表空白区拖拽可以改变图表位置。

（9）以“华夏旅游公司五一接待情况汇总表”为文件名保存图表。

2．思考并回答以下问题

（1）标准图表类型有多种，不同数据对象和不同应用环境应选用不同的图表类型。请归纳总结出标准图表类型分别应用的环境。

（2）与标准图表类型相比，自定义图表类型可能出现哪些特殊展示效果？

任务小结

使用 Excel 2003 提供的图表功能，可以将平面数据立体化，使数据内容更加清晰易懂、表示的含义更形象直观，用户也可以通过图表直接了解到数据之间的关系和变化趋势。使用向导创建图表，是根据系统的提示进行操作，操作简单、易掌握，用户只需根据实际需要选择合适的图表类型即可。图表类型有标准类型和自定义类型两类，如果标准类型中没有合适的图表，用户也可以自己定义图表类型。自定义图表类型有内部与自定义两种，用户可以根据需要选择使用。

任务2　编辑图表

在电子表格中添加或删除数据，可以实现图表数据的修改，图表中的坐标轴标题、图表标题、图例、绘图区也可以进行设置，这些操作既可以进一步修饰图表的外观，又能完善图表的具体内容。因此，编辑图表也是必须掌握的重要操作。

任务描述

小王对自己使用图表向导制作的“华夏旅游公司五一接待情况汇总表”图表并不满意，因为图表的样式不太美观，他决定对图表进行必要的编辑，使图表的样式更加美观，表现力进一步增强。

任务分析

编辑图表操作涉及图表数据的添加、删除，也涉及图表外观的修饰。修饰图表外观的操作主要包括图表标题、坐标轴标题、图表类型转换、图例和绘图区设置等项，以上内容多数都可以通过“图表”菜单项中的命令来完成。因此，编辑图表的任务可以被分解为以下过程：

图表数据的添加和删除；

图表标题和坐标轴设置；

图表类型转换；

图例格式和绘图区格式设置。

任务操作

1．图表数据的添加和删除

（1）打开“华夏旅游公司五一接待情况汇总表”。

（2）在工作表中新增加一行，添加“日期：5 月 5 日，组团数：19，接待人数：480，收入“20”。

（3）选中图表，执行“图表”→“添加数据”命令，打开“添加数据”对话框，如图 4-7 所示。

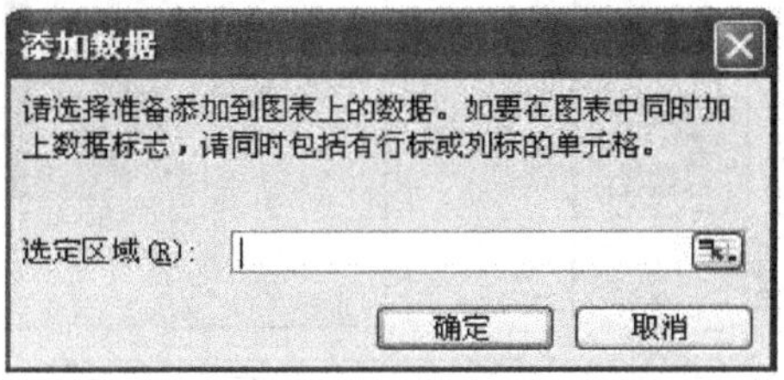

图 4-7　“添加数据”对话框

（4）单击“选定区域”文本框右端的“折叠对话框”按钮，选择新增加的数据区域，单击“确定”按钮，新增加的数据在图表中显示出来，如图 4-8 所示。

（5）将 5 月 2 日的接待人数由“600”改为“580”，图表中的数据也会自动改变，如图 4-9 所示。

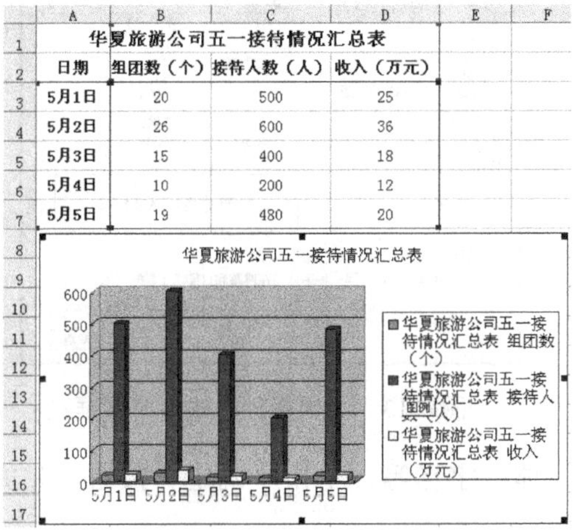

图 4-8　添加数据后的图表

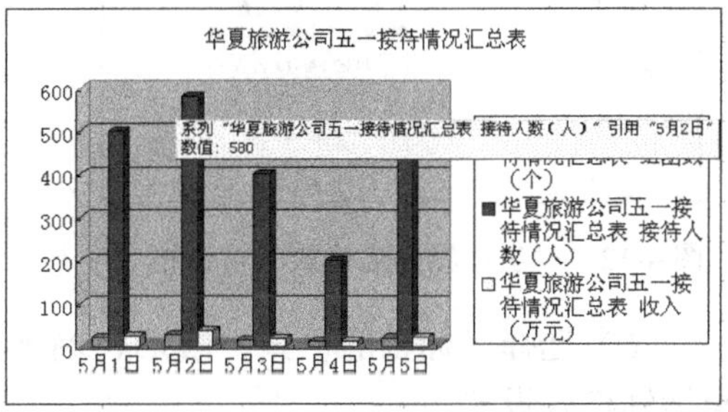

图 4-9　修改数据后的图表

（6）删除工作表中的数据，图表中的数据项也随之删除。

2．图表标题和坐标轴设置

（1）单击图表，使图表处于选定状态，执行“图表”→“图表选项”命令，打开“图表选项”对话框，如图 4-10 所示。

（2）在“标题”选项卡的“分类（X）轴”文本框中输入“日期”，在“数值（Z）轴”文本框中输入“团数/人数/收入”，单击“确定”按钮，图表中出现 X 轴和 Z 轴标题，如图 4-11 所示。

（3）分别使用鼠标右键单击 X、Z 坐标轴标题，在弹出的快捷菜单中选择“坐标轴标题格式”选项，打开“坐标轴标题格式”对话框，如图 4-12 所示。

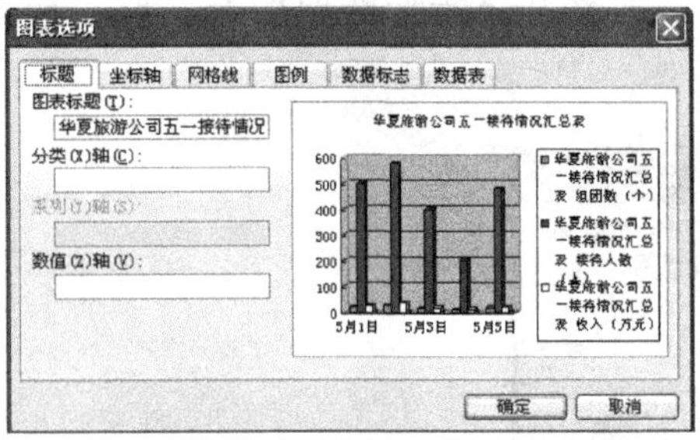

图 4-10　“图表选项”对话框

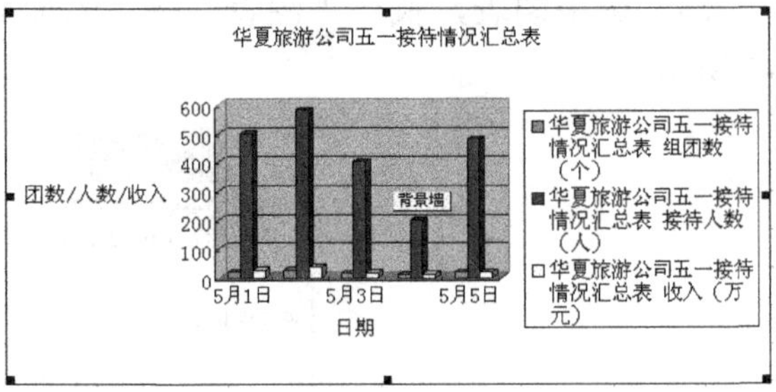

图 4-11　添加 X 轴和 Z 轴标题后的图表

（4）选择坐标轴标题的边框样式、字体、字形、字号和对齐方式，单击“确定”按钮，完成坐标轴标题格式设置。

（5）分别使用鼠标右键单击 X、Z 坐标轴，在弹出的快捷菜单中选择“坐标轴格式”选项，打开“坐标轴格式”对话框，如图 4-13 所示。

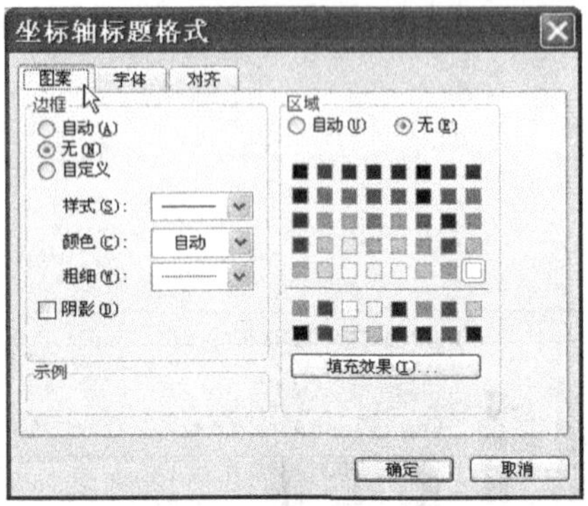

图 4-12　“坐标轴标题格式”对话框

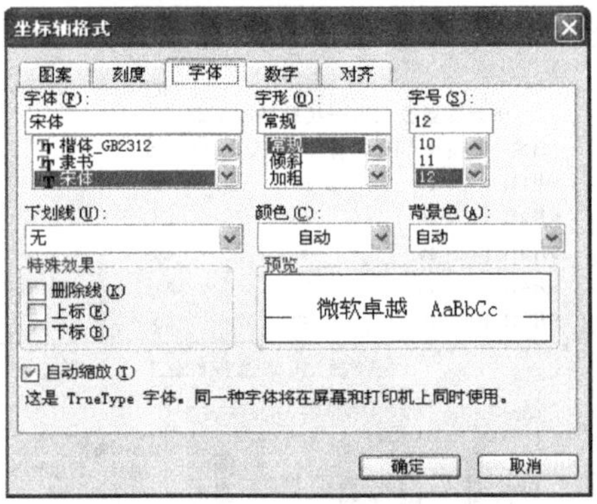

图 4-13　“坐标轴格式”对话框

（6）选择坐标轴的样式、线形、刻度、标注的字体、字形等，单击“确定”按钮，完成坐标轴格式设置。

（7）选中图表标题，单击鼠标右键，在弹出的快捷菜单中选择“图表标题格式”选项，打开“图表标题格式”对话框，如图 4-14 所示。

（8）选择字体、字形、对齐方式等项，单击“确定”按钮，完成图表标题格式设置。

3．图表类型转换

（1）选中“华夏旅游公司五一接待情况汇总表”图表。

（2）执行“插入”→“图表”命令，打开“图表向导–4 步骤之 1–图表类型”对话框，如图 4-15 所示。

（3）在“标准类型”选项卡的“图表类型”列表框中选择“折线图”选项，在“子图表类型”列表中选择“数据点折线图”选项。

（4）单击“下一步”按钮，在依次打开的对话框中进行相应的设置，最后单击“完成”按钮即可完成图表类型的转换，如图 4-16 所示。

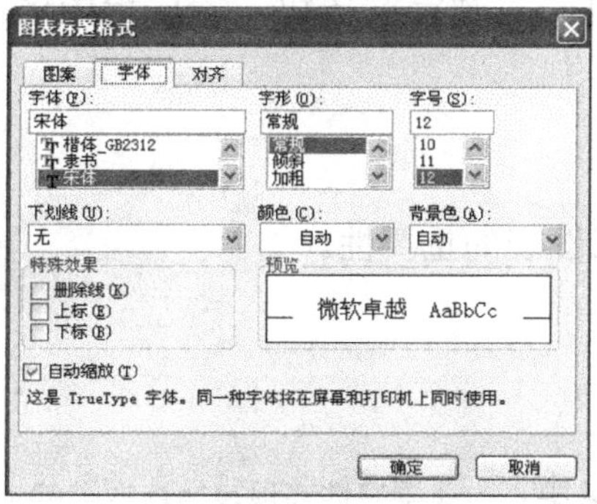

图 4-14　“图表标题格式”对话框

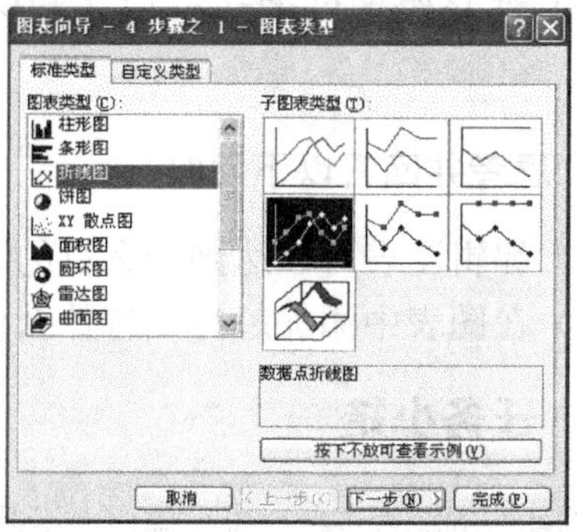

图 4-15　图表向导–4 步骤之一“图表类型”对话框

4．图例格式和绘图区格式设置

（1）选中图例，执行“格式”→“图例”命令，打开“图例格式”对话框，如图 4-17 所示。

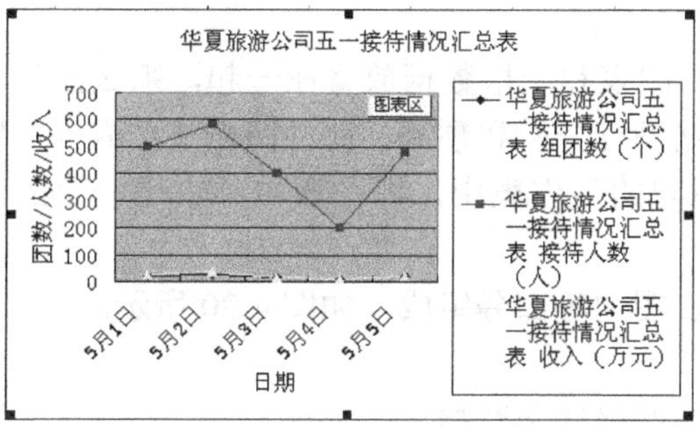

图 4-16　转换后的图表

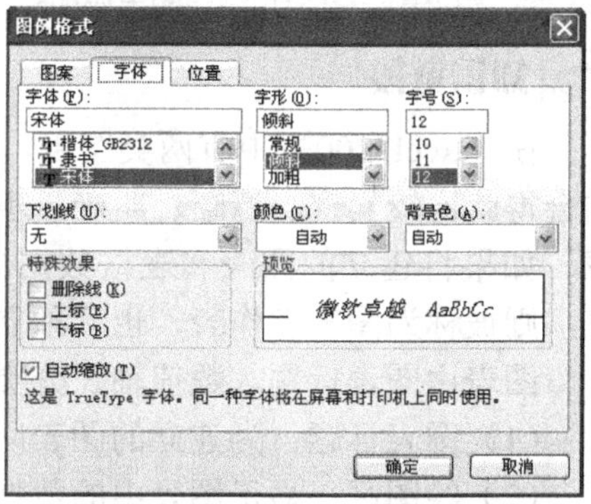

图 4-17　“图例格式”对话框

（2）选择字体、字形、字号和图例放置位置，单击“确定”按钮，完成图例格式设置。

（3）单击“华夏旅游公司五一接待情况汇总表”图表绘图区的空白处，选中绘图区，如图 4-18 所示。

（4）将鼠标指针指向绘图区的边框进行拖动，可改变绘图区的位置；将鼠标指针指向绘图区的尺寸控点进行拖动，可改变绘图区的大小。

（5）执行“格式”→“绘图区”命令，打开“绘图区格式”对话框，如图 4-19 所示。

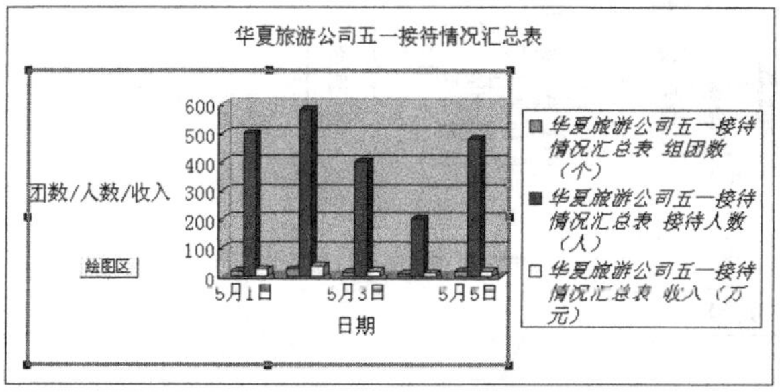

图 4-18　选中绘图区

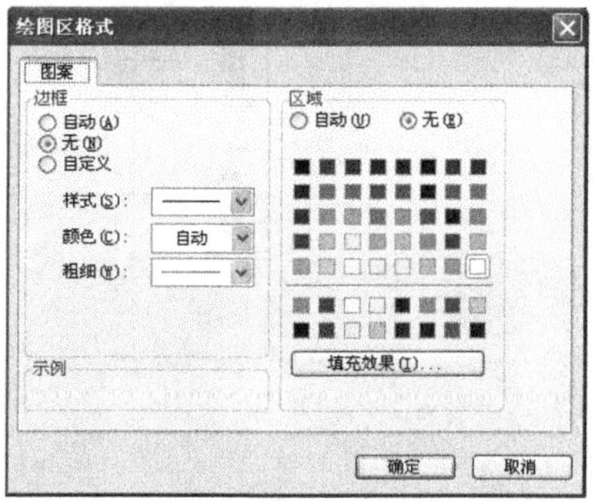

图 4-19　“绘图区格式”对话框

（6）选择绘图区的边框样式和区域填充效果，单击“确定”按钮，完成绘图区图案设置。

5. 思考并回答以下问题

（1）编辑图表可以达到什么目的？请举例说明编辑图表的重要性。

（2）在图表中添加趋势线有什么作用？如何操作？

任务小结

对创建好的图表进行修饰与美化，不但增强了图表的视觉效果，也能更好地表现表格数据间的关系。对工作表数据的添加或删除操作，可以实现图表数据的修改；对坐标轴标题、图表标题、图例、绘图区的设置操作，可以达到对图表外观修饰的目的。在图表中还可以添加趋势线，添加趋势线时需要选中图表，然后单击“图表”工具栏中的“添加趋势线”按钮，打开“添加趋势线”对话框，用户可以根据需要选择添加合适的趋势线。趋势线只能在二维面积图、折线图、条形图、气泡图等平面图形中添加，不能在三维立体图、雷达图、饼图和圆环图中添加。

知识链接

在 Excel 2003 中有两类图表，如果将建立的图表和表格数据放置在一起，那么图和表结合得就比较紧密、清晰、明确，也更便于对数据进行分析和预测，此种图表被称为内嵌图表。如果将建立的图表和表格数据分别放置在不同的工作表中，即图表单独占用一个工作表，则被称为图表工作表，也称独立图表。

图表由图表标题、数值轴、分类轴、绘图区、图例等部分组成，如图 4-20 所示。

（1）图表标题：为建立的图表所命名的标题。

（2）绘图区：显示图表中的数据图形，也包括网格线和数据。

（3）数值轴：图表的垂直轴，用来区分数据的大小，数值轴标题在图表的左边，用来说明数值的种类。

（4）分类轴：图表的水平轴，用来区分数据的类别。

（5）图例：用来说明数据系列，用不同的彩色小方块和名称表示。

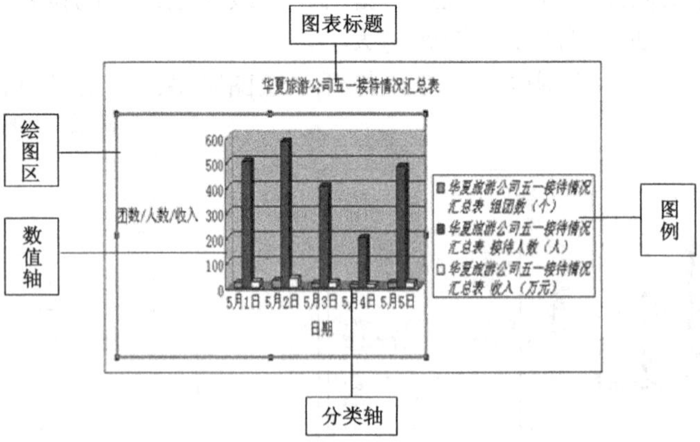

图 4-20　图表示例

任务拓展　数据有效性应用

在 Excel 2003 中输入数据，有时要求控制数据的重复性，有时要求控制数据的输入范围，尤其是数据量过大时，用户很难查找出隐藏在大量数据中的错误，而这些问题可以考虑通过数据有效性来解决。

任务描述

小刘是某保险公司的一名统计员，以前经常因为信息录入错误产生不必要的麻烦。自从他学会使用 Excel 2003 的数据有效性输入处理数据之后，避免了工作上的失误，也减轻了工作强度。

任务分析

使用 Excel 2003 的数据有效性输入处理数据，能避免数据的重复输入，控制数据的输入范围，因此，数据有效性应用的任务操作可以被分解为以下过程：

使用数据有效性控制数据重复输入；

使用数据有效性控制数据输入范围；

使用数据有效性控制字符序列输入范围。

任务操作

1．使用数据有效性控制数据重复输入

（1）启动 Excel 2003，建立“平安保险公司在保险客户登记表”工作表，选中需要输入的单元格区域，这里选择“身份证号”列，如图 4-21 所示。

（2）执行“数据”→“有效性”命令，打开“数据有效性”对话框，如图 4-22 所示。

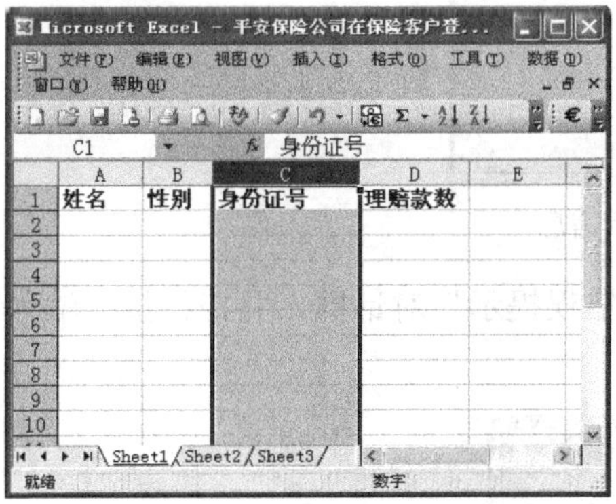

图 4-21　选择“身份证号”列

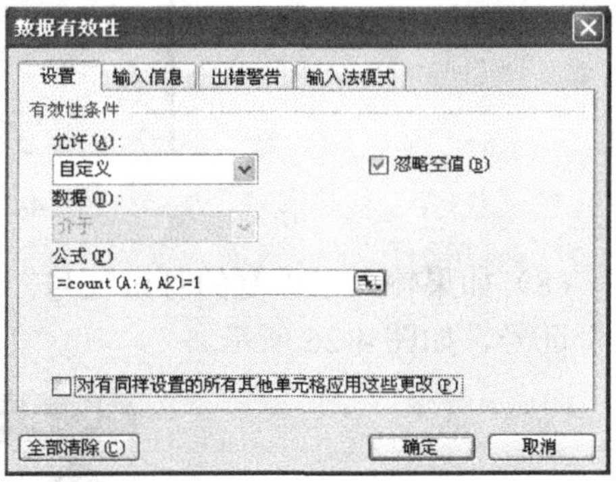

图 4-22　“数据有效性”对话框

（3）在“设置”选项卡中，单击“允许”下拉列表框的下拉按钮，打开下拉列表，在下拉列表中选择“自定义”选项，在“公式”文本框中输入公式“=count(A:A,A2)=1”。

（4）切换到“输入信息”选项卡，在“标题”文本框中输入“注意”，在“输入信息”文本框中输入“身份证号是唯一的，切忌重复输入!”，选中“选定单元格时显示输入信息”复选框，如图 4-23 所示。

（5）切换到“出错警告”选项卡，在“标题”文本框中输入“错误提示”，在“错误信息”文本框中输入“您输入的身份证号重复，请重新输入!”，选中“输入无效数据时显示出错警告”复选框，并选定处理方式，如图 4-24 所示。

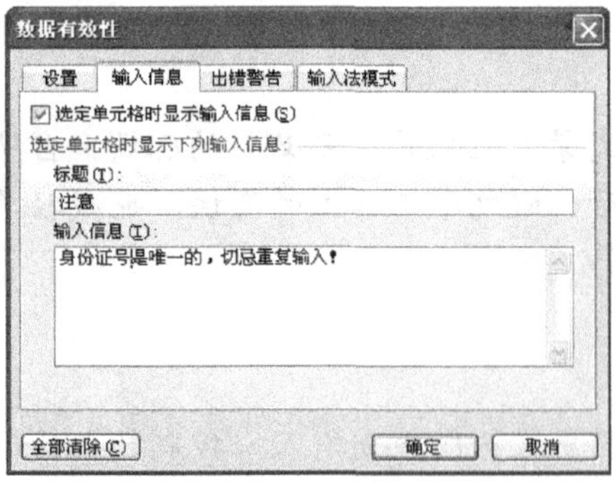

图 4-23　“输入信息”选项卡

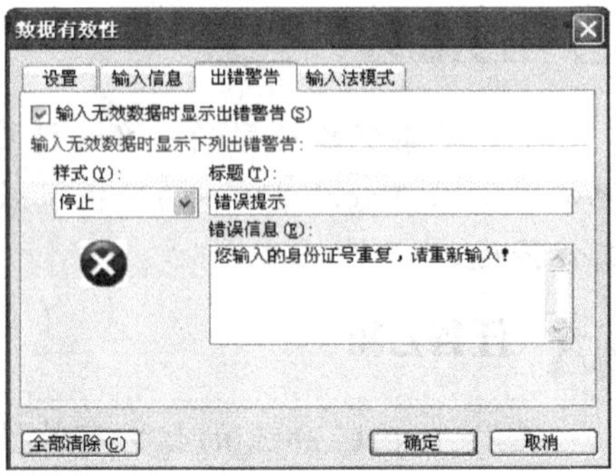

图 4-24　“出错警告”选项卡

（6）单击“确定”按钮，关闭“数据有效性”对话框。

（7）单击“平安保险公司在保险客户登记表”工作表“身份证号”列中的任意单元格，系统会给出输入提示信息，如图 4-25 所示。

图 4-25　显示输入提示信息

（8）如果输入了重复的身份证号，系统会弹出“错误提示”对话框，并拒绝接受输入的身份证号，如图 4-26 所示。

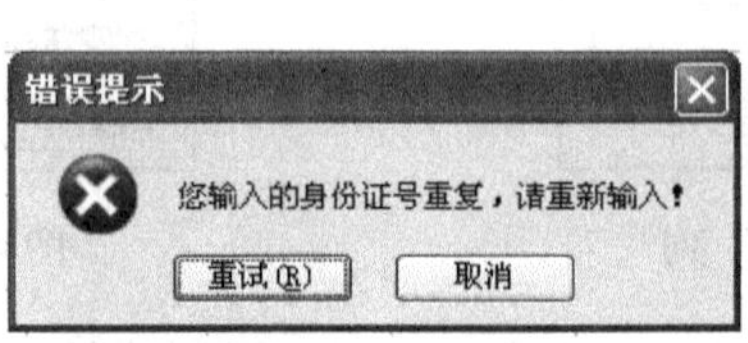

图 4-26　“错误提示”对话框

2．使用数据有效性控制数据输入范围

（1）打开“平安保险公司在保险客户登记表”工作表，选中需要输入数据的单元格区域，这里选择“理赔款数”列，如图 4-27 所示。

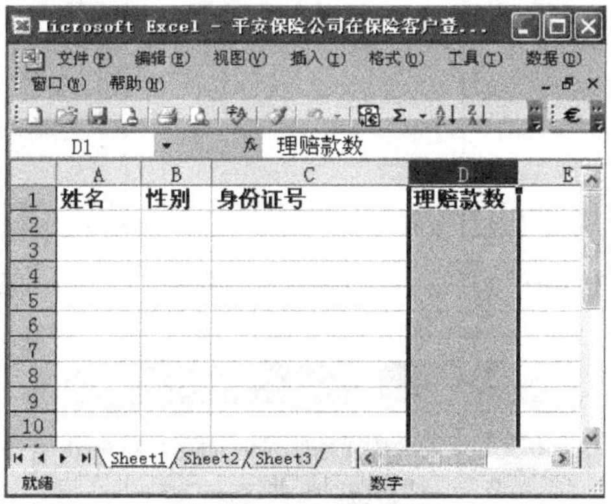

图 4-27　选中“理赔款数”列

（2）执行“数据”→“有效性”命令，打开“数据有效性”对话框，在“设置”选项卡中单击“允许”下拉列表框的下拉按钮，打开下拉列表，在下拉列表中选择“小数”选项，在“数据”下拉列表中选择“介于”选项，在“最小值”和“最大值”文本框中分别输入“1000”和“100000”，如图 4-28 所示。

（3）切换到“输入信息”选项卡，在“标题”文本框中输入“理赔范围”，在“输入信息”文本框中输入“最高 100000 元，最低 1000 元！”，选中“选定单元格时显示输入信息”复选框，如图 4-29 所示。

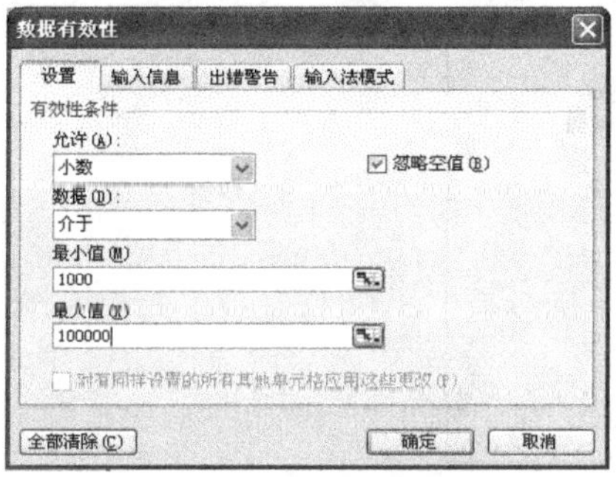

图 4-28　“设置”选项卡

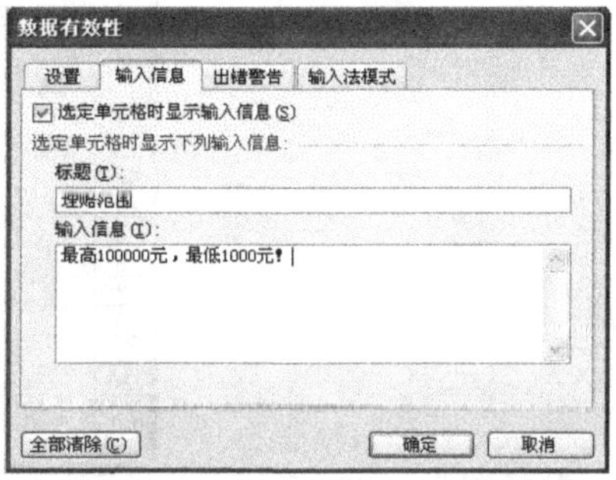

图 4-29　“输入信息”选项卡

（4）切换到“出错警告”选项卡，在“标题”文本框中输入“错误提示”，在“错误信息”文本框中输入“您输入的理赔款数超出范围，请核实后重新输入！”，选中“输入无效数据时显示出错警告”复选框，并选定处理方式，如图 4-30 所示。

（5）单击“确定”按钮，关闭“数据有效性”对话框。

（6）单击“平安保险公司在保险客户登记表”工作表“理赔款数”列中的任意单元格，系统会给出输入提示信息，如图 4-31 所示。

（7）如果输入的理赔款数不在 1000～100000，在输入完成后按【Enter】键确认，或者按方向键移动输入单元格时，系统会弹出“错误提示”对话框，并拒绝接受输入的数据，如图 4-32 所示。

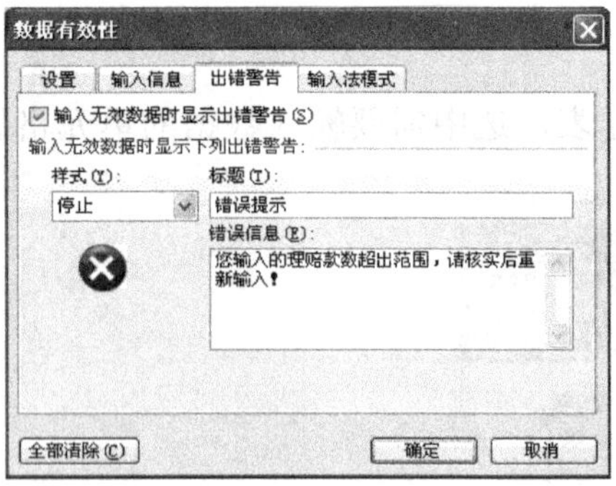

图 4-30　“出错警告”选项卡

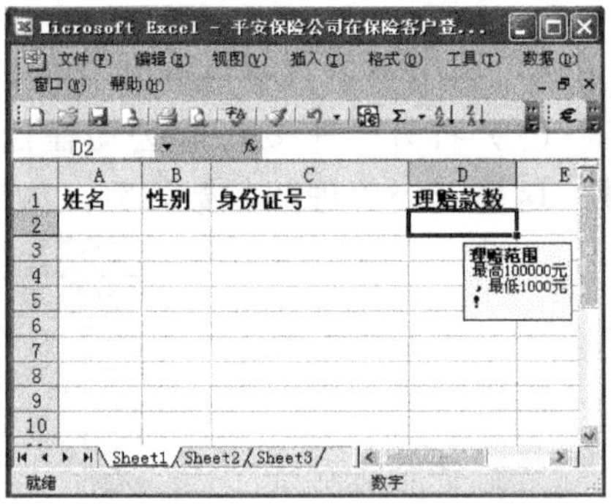

图 4-31　显示输入提示信息

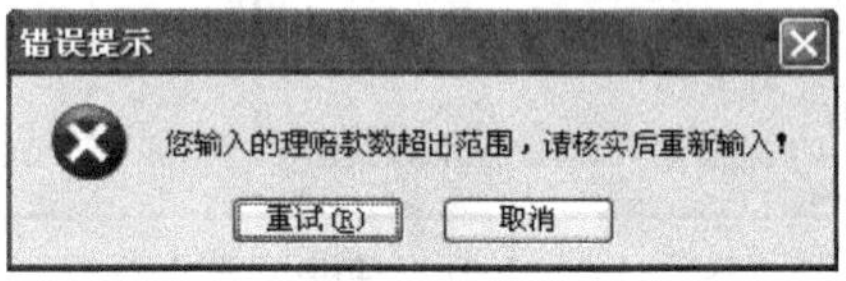

图 4-32　“错误提示”对话框

3．使用数据有效性控制字符序列输入范围

（1）打开“平安保险公司在保险客户登记表”工作表，选中需要输入字符数据的单元格区域，这里选择“性别”列，如图 4-33 所示。

图 4-33　选择“性别”列

（2）执行“数据”→“有效性”命令，打开“数据有效性”对话框，在“设置”选项卡中，单击“允许”下拉列表的下拉按钮，打开下拉列表，在下拉列表中选择“序列”选项，在“来源”文本框中输入“男,女”（注意“,”为英文状态下的逗号），如图 4-34 所示。

（3）单击“确定”按钮，在“平安保险公司在保险客户登记表”工作表中的“性别”列右侧显示下拉按钮，如图 4-35 所示。

（4）可以直接在单元格中输入“男”或“女”，也可以用鼠标选择下拉列表中的“男”或“女”。

（5）如果输入其他信息，系统会自动弹出“输入值非法”的提示信息，如图 4-36 所示。

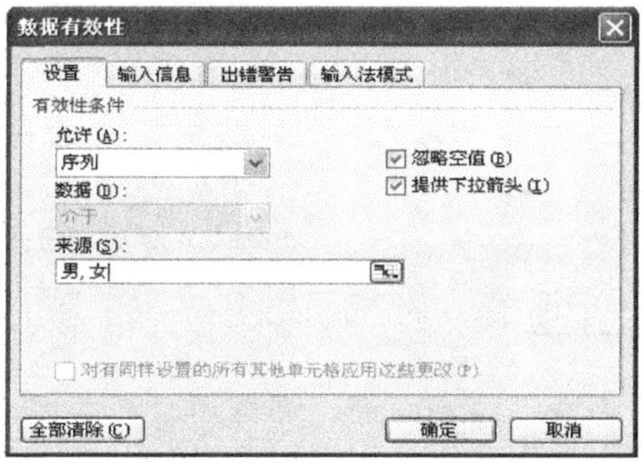

图 4-34　“设置”选项卡

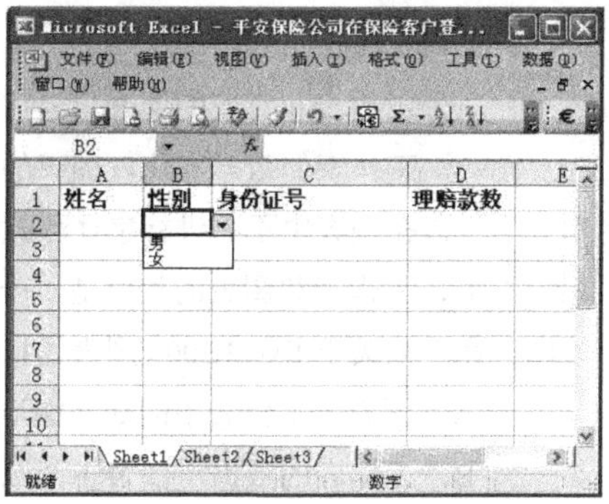

图 4-35　“性别”列右侧显示下拉按钮

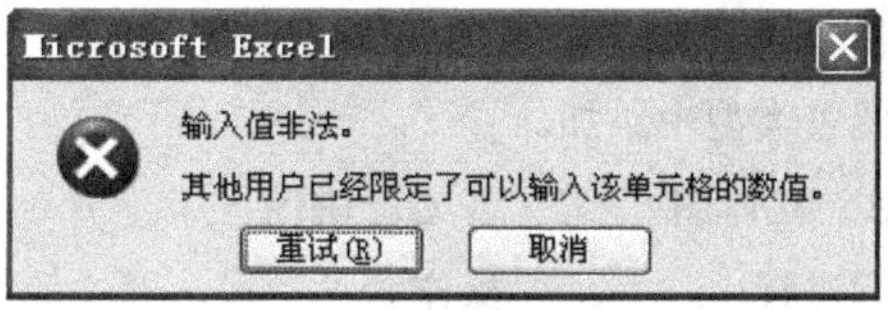

图 4-36　“输入值非法”提示信息

4．思考并回答以下问题

（1）如何利用对数据表定义“名称”的方法，使“数据有效性”具有跨表引用的功能？

（2）数据有效性能在哪些应用环境中发挥作用？

任务小结

使用 Excel 2003 的数据有效性功能控制输入处理数据，能避免数据重复输入、限制数据的输入范围，进而减少数据输入和处理的差错，提高工作效率。数据有效性功能不但可以在同一个数据表中使用，也可以在不同的数据表中使用。

本章小结

掌握本章的学习内容，需要完成两个基本任务。学会了使用向导创建图表，可以将工作表的平面数据变成直观的图表，强化数据的表现力。编辑图表则是对已有图表的美化或细化，也是强化图表表现力和视觉效果的重要手段。学习者若能在这两个任务学习的基础上，独立制作出一个图表并根据实际需要编辑、美化图表，说明已达到了学习本章的目的。

数据有效性是提高数据输入、处理效率和防止输入错误的有效手段，若能全面掌握 Excel 2003 数据有效性的应用操作，会避免很多不必要的输入错误，大大提高工作效率。

习题 4

1．选择题

（1）Excel 2003 工作簿中既有工作表又有图表，当执行“文件”→“保存”命令时，______。

A．只保存工作表文件　　B．只保存图表文件

C．将工作表和图表作为一个文件保存　　D．分成两个文件保存

（2）下列说法正确的是________。

A．工作表和对应的图表只能位于不同的页面中

B．工作表的数据变化，图表的值不会发生变化

C．在图表中不能进行字体格式设置

D．工作表和图表的数值是一一对应的关系

（3）在下列关于 Excel 2003 图表的描述中，不正确的是__________。

A．图表是工作表中的数据图形化表示

B．工作表的数据与图表中的数据是一一对应的关系

C．图表中可以不需要图例

D．图表不可以进行数值的百分比设置

（4）趋势线能在__________图表类型中添加。

A．折线图　　B．立体图　　C．饼图　　D．雷达图

（5）用户可以对坐标轴的标题进行__________操作。

A．显示　　B．隐藏　　C．旋转　　D．竖排

2．判断题

（1）在 Excel 2003 中，图表一旦建立，其标题的字体、字形是不可以改变的。（　　）

（2）工作表中的值发生了变化，对应图表中的值也会发生变化。（　　）

（3）在图表中可以删除任意一个序列。（　　）

（4）在工作表中增加的数据可以在图表中自动显示出来。（　　）

（5）可以在任意一种图表类型中加入趋势线。（　　）

（6）在图表中可以显示出网格线。（　　）

3．操作题

（1）按以下样例制作简单图表并进行编辑，完成后保存在“我的文档”中，文件名为“练习 4-1”。

图表样例：

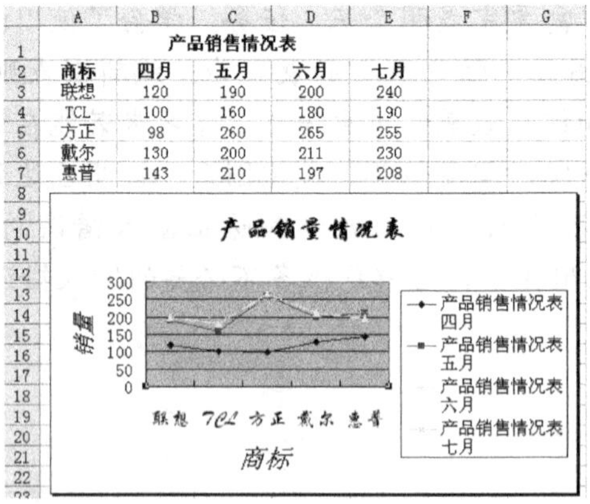

商标	四月	五月	六月	七月
联想	120	190	200	240
TCL	100	160	180	190
方正	98	260	265	255
戴尔	130	200	211	230
惠普	143	210	197	208

（2）使用数据有效性功能控制“姓名”、“民族”的输入。

第 5 章　管理工作表数据

表格的管理对象是数据，如何有效地管理、应用表格数据是表格数据处理的重要内容。Excel 2003 具有强大的数据管理功能，在 Excel 2003 中可以对数据进行分类汇总、排序、筛选，也可以制作数据透视表和数据透视图，这些操作便于用户对数据进行深层次分析。只有全面了解和掌握使用工作表数据的方法，才能有效提高数据管理水平。

任务 1　数据排序

在新建立的数据表格中，数据是依照输入时指定的位置进行排列的。使用 Excel 2003 的数据排序功能可以使用户非常容易地实现数据排序。数据排序是指按照一定的规则对数据进行整理、排列，如递增、递减，或者按照某一个字段值的大小次序排列等。

任务描述

某超市的理货员小刘对 2009 年各品牌化妆品的销售情况进行统计后，想按各品牌的销售情况进行排序，以方便上级主管确定明年各类化妆品的进货数量。

任务分析

使用工具栏中的“升序排序”和“降序排序”按钮，可以非常方便地对数据进行排序，但是只能按照单个字段的内容进行排序，当遇到有多个数据相同的情况时，可以使用“数据”菜单项中的“排序”命令，根据多个关键字进行排序。因此任务操作可以分解为以下过程：

按行升（降）序排序；

根据多列内容进行排序。

任务操作

1．按行升（降）序排序

（1）打开“2009 年东风超市化妆品销售统计表”工作簿。

（2）选中“总计（瓶）”列中的任意单元格，单击工具栏上的“升序排序”按钮，打开“排序警告”对话框，如图 5-1 所示。

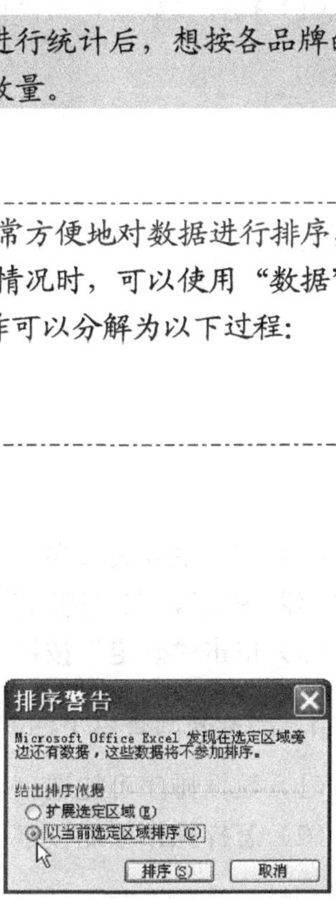

图 5-1　“排序警告”对话框

（3）选中“以当前选定区域排序”单选按钮，单击

"排序"按钮，"总计（瓶）"列的内容按升序排序，如图 5-2 所示。

（4）选中"总计（瓶）"列中的任意单元格，使用工具栏上的"降序排序"按钮可以进行降序排序，如图 5-3 所示。

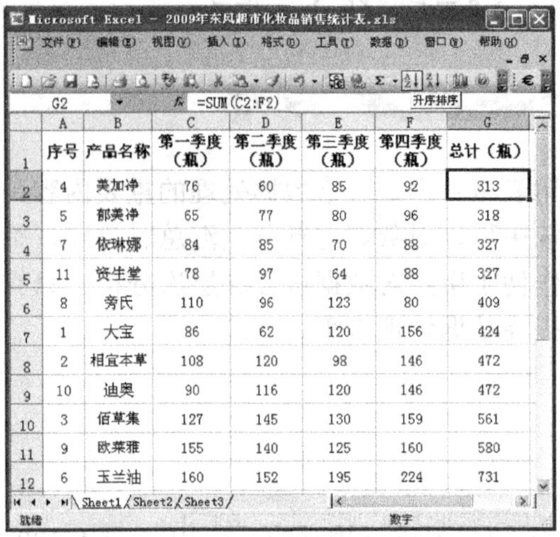

图 5-2 "总计（瓶）"列按升序排序

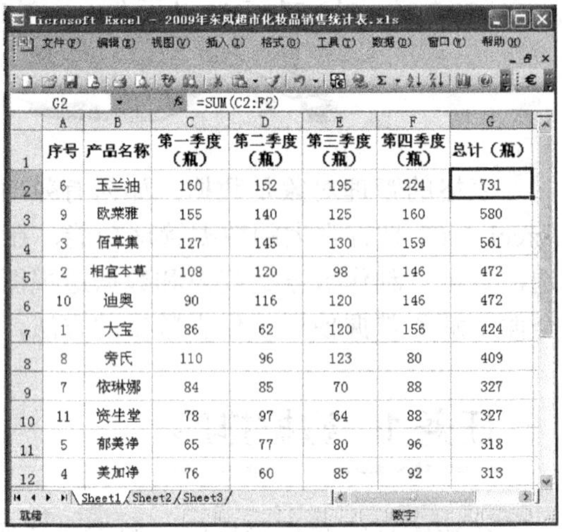

图 5-3 "总计（瓶）"列按降序排序

2．根据多列内容进行排序

（1）执行"数据"→"排序"命令，打开"排序"对话框，如图 5-4 所示。

图 5-4 "排序"对话框

（2）在"主要关键字"下拉列表中选择"总计（瓶）"，在"次要关键字"下拉列表中选择"第四季度"，在"第三关键字"下拉列表中选择"第二季度"，全部按降序进行排列。

（3）单击"确定"按钮，多列内容的排序结果如图 5-5 所示。

3．思考并回答以下问题

（1）数据排序可能遇到什么问题？如何处理？

（2）怎样操作才能按字母或笔画进行排序？在什么情况下需要进行自定义排序？

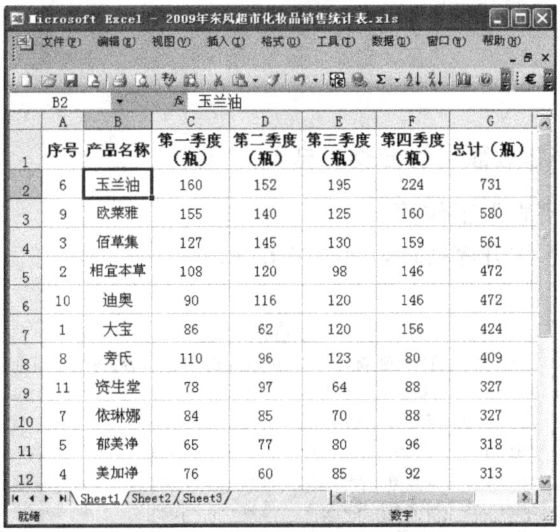

	序号	产品名称	第一季度（瓶）	第二季度（瓶）	第三季度（瓶）	第四季度（瓶）	总计（瓶）
2	6	玉兰油	160	152	195	224	731
3	9	欧莱雅	155	140	125	160	580
4	3	佰草集	127	145	130	159	561
5	2	相宜本草	108	120	98	146	472
6	10	迪奥	90	116	120	146	472
7	1	大宝	86	62	120	156	424
8	8	旁氏	110	96	123	80	409
9	11	资生堂	78	97	64	88	327
10	7	依琳娜	84	85	70	88	327
11	5	郁美净	65	77	80	96	318
12	4	美加净	76	60	85	92	313

图 5-5　多列内容的排序结果

任务小结

数据排序是指按照一定的规则对数据进行整理、排列，如升序、降序，或者按照某一个字段值或多个字段值的大小次序排列等。排序不但可以针对单个字段进行，也可以根据需要针对多个关键字进行，进行数据排序便于用户对复杂数据的分析与统计，也更容易看出规律性的结论。排序操作不但可以选择数值型字段，还可以选择按字母或笔画排序，排序方向也有按行排序与按列排序之分。使用工具栏中的“排序”按钮，可以对选定数据进行排序；而使用“排序”对话框进行排序，则可以有更多的、适合应用需求的选择。

任务 2　分类汇总

分类汇总是日常办公中经常使用的报表形式，也是对数据进行分析、统计得出概括性数据的过程。Excel 2003 具有强大的数据汇总功能，能满足用户对数据进行分类汇总的各种要求。

任务描述

小刘是公司的销售统计员，每月底要上报月内的商品销售表。为了使领导能够从报表中得到概括性的数据和结论，他使用 Excel 2003 的分类汇总功能，对每类商品的销售情况进行了分类统计。

任务分析

对工作表数据中的某类数据进行分类汇总，首先要对该类数据排序，然后才能进行汇总，排序是汇总的前提，两者密不可分，因此任务操作可以分解为以下过程：

对销售数量和销售金额进行分类汇总；

分析汇总操作的适用环境。

任务操作

1．对销售数量和销售金额进行分类汇总

（1）打开“商品销售表”工作簿。

（2）对“商品名称”按升序排序，如图5-6所示。

商品销售表

月份	城市	销售经理	商品名称	单价(元)	销售数量（台）	销售金额（元）
6月份	广州	杨静	长虹电视	2100	960	2016000
7月份	广州	李伟军	长虹电视	2100	1000	2100000
6月份	广州	李伟军	长虹电视	2100	780	1638000
7月份	广州	刘海丽	长虹电视	2100	980	2058000
6月份	北京	李伟军	格力空调	3200	1000	3200000
7月份	北京	张晨	格力空调	3200	1200	3840000
6月份	北京	王明远	格力空调	3200	900	2880000
7月份	北京	王明远	格力空调	3200	1500	4800000
6月份	上海	王明远	联想电脑	4600	1100	5060000
7月份	上海	刘海丽	联想电脑	4600	1050	4830000
6月份	上海	杨静	联想电脑	4600	860	3956000
7月份	上海	杨静	联想电脑	4600	1200	5520000

图5-6 “商品名称”按升序排序

（3）选中“商品名称”列中的任意单元格，执行“数据”→“分类汇总”命令，打开“分类汇总”对话框，如图5-7所示。

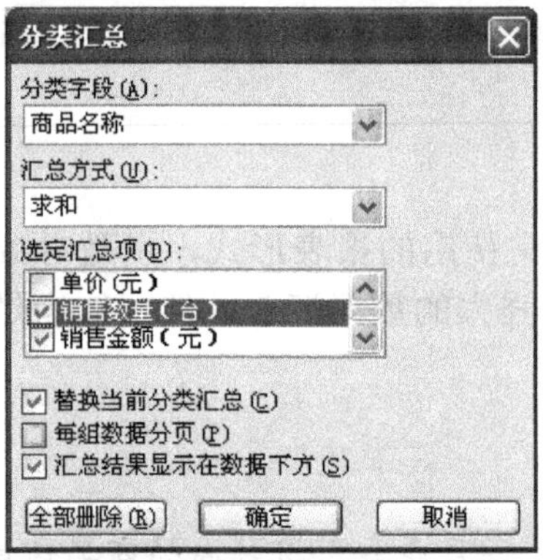

图5-7 “分类汇总”对话框

（4）在“分类字段”下拉列表中选择“商品名称”，在“汇总方式”下拉列表中选择“求和”，在“选定汇总项”列表中选中“销售数量（台）”和“销售金额（元）”复选框。

（5）根据需要，选择相应复选框指定汇总结果的显示位置。

（6）单击“确定”按钮，完成分类汇总，结果如图5-8所示。

	A	B	C	D	E	F	G
1	商品销售表						
2	月份	城市	销售经理	商品名称	单价(元)	销售数量（台）	销售金额（元）
3	6月份	广州	杨静	长虹电视	2100	960	2016000
4	7月份	广州	李伟军	长虹电视	2100	1000	2100000
5	6月份	广州	李伟军	长虹电视	2100	780	1638000
6	7月份	广州	刘海丽	长虹电视	2100	980	2058000
7				长虹电视 汇总		3720	7812000
8	6月份	北京	李伟军	格力空调	3200	1000	3200000
9	7月份	北京	张晨	格力空调	3200	1200	3840000
10	6月份	北京	王明远	格力空调	3200	900	2880000
11	7月份	北京	王明远	格力空调	3200	1500	4800000
12				格力空调 汇总		4600	14720000
13	6月份	上海	王明远	联想电脑	4600	1100	5060000
14	7月份	上海	刘海丽	联想电脑	4600	1050	4830000
15	6月份	上海	杨静	联想电脑	4600	860	3956000
16	7月份	上海	杨静	联想电脑	4600	1200	5520000
17				联想电脑 汇总		4210	19366000
18				总计		12530	41898000

图 5-8 分类汇总结果

（7）单击页面左侧的“减号”按钮，可以将数据清单中的明细数据隐藏起来，效果如图 5-9 所示。单击“加号”按钮，可以显示数据清单中隐藏的明细数据。

	A	B	C	D	E	F	G
1	商品销售表						
2	月份	城市	销售经理	商品名称	单价(元)	销售数量（台）	销售金额（元）
7				长虹电视 汇总		3720	7812000
12				格力空调 汇总		4600	14720000
17				联想电脑 汇总		4210	19366000
18				总计		12530	41898000

图 5-9 隐藏数据后的显示效果

2．思考并回答以下问题

（1）对表格数据进行汇总，可以解决哪些问题？请详细列举。

（2）为什么汇总需要先排序？由此可以得出什么结论？

（2）怎样清除数据表中的分类汇总，将数据表恢复到原来样式？

任务小结

使用 Excel 2003 的分类汇总功能可以对数据进行简单分析，并统计得出概括性数据，便于用户对数据进行规律性的总结。要想对工作表中的某类数据进行分类汇总，需要先对该类数据进行排序。汇总不但可以针对单项，还可以针对多项。如果用户不需要分类汇总，也可将数据恢复到原来样式。使用“分类汇总”对话框中的“全部删除”按钮，可以删除分类汇总。

任务 3 筛选数据

在一个大的数据清单中，要想快速找到自己需要的数据不太容易。通过筛选数据清单，可以只显示满足条件的数据记录，将其他一些暂时不用的数据记录隐藏起来，达到快速查找特殊记录的目的。筛选与排序不同，筛选并不是重排清单，只是暂时隐藏不必显示的行。

任务描述

某公司对参加竞选人员进行笔试与面试答辩，想从中选出比较优秀的人员进入公司中层，领导让王秘书用计算机来完成选优操作。小王决定用 Excel 2003 的筛选功能让系统自动查找满足条件的人选。

任务分析

使用 Excel 2003 自动筛选和高级筛选功能可以实现有目的的内容查找并显示，不同筛选方法的操作有一定差异。因此，学习筛选数据的任务被分解为以下过程：

自动筛选；

自定义筛选；

高级筛选。

任务操作

1. 自动筛选

（1）打开“某公司招聘人员成绩表”工作簿，如图 5-10 所示。

（2）选中工作表中的任意单元格，执行“数据”→“筛选”→“自动筛选”命令。

（3）工作表中数据的第一行处于可筛选状态，此时，每一列字段名的右边都出现了一个下拉按钮，如图 5-11 所示。

序号	姓名	性别	笔试成绩	面试成绩	总成绩
1	朱玉琳	女	76	98	174
2	赵红雷	男	69	80	149
3	王盼花	女	69	88	157
4	孙朵朵	女	69	97	166
5	孙明	男	70	95	165
6	孙彩霞	女	71	70	141
7	石奇腾	男	73	69	142
8	刘洋洋	女	72	93	165
9	刘俊英	女	85	95	180
10	刘敬	女	79	97	176
11	刘广胜	男	83	86	169

图 5-10　某公司招聘人员成绩表

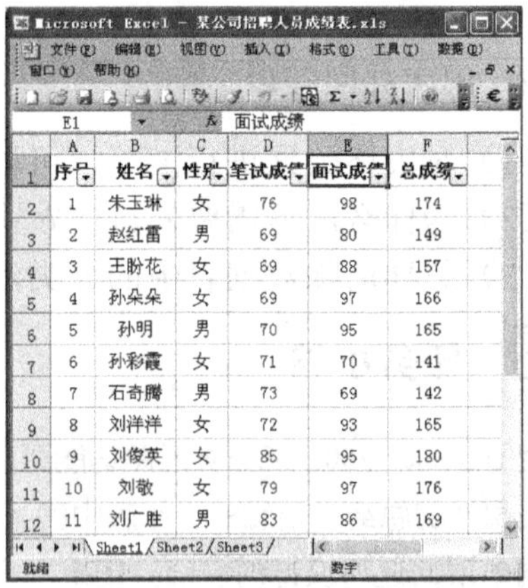

序号	姓名	性别	笔试成绩	面试成绩	总成绩
1	朱玉琳	女	76	98	174
2	赵红雷	男	69	80	149
3	王盼花	女	69	88	157
4	孙朵朵	女	69	97	166
5	孙明	男	70	95	165
6	孙彩霞	女	71	70	141
7	石奇腾	男	73	69	142
8	刘洋洋	女	72	93	165
9	刘俊英	女	85	95	180
10	刘敬	女	79	97	176
11	刘广胜	男	83	86	169

图 5-11　数据处于可筛选状态

（4）单击“性别”字段名的下拉按钮，打开下拉列表，在下拉列表中选择“女”，筛选结果如图 5-12 所示。此时，“性别”字段名的下拉箭头颜色变为蓝色。

（5）如果要撤销筛选，单击“性别”字段名后面的下拉按钮，打开下拉列表，选择“全部”即可。在数据清单中如果要取消对所有列进行的筛选，可执行“数据”→“筛选”→“全部显示”命令；如果要撤销数据清单中的筛选箭头，执行“数据”→“筛选”→“自动筛选”命令即可。

2. 自定义筛选

（1）单击“总成绩”字段名后面的下拉按钮，打开下拉列表，选择“自定义”，打开“自定义自动筛选方式”对话框，如图 5-13 所示。

图 5-12　自动筛选结果

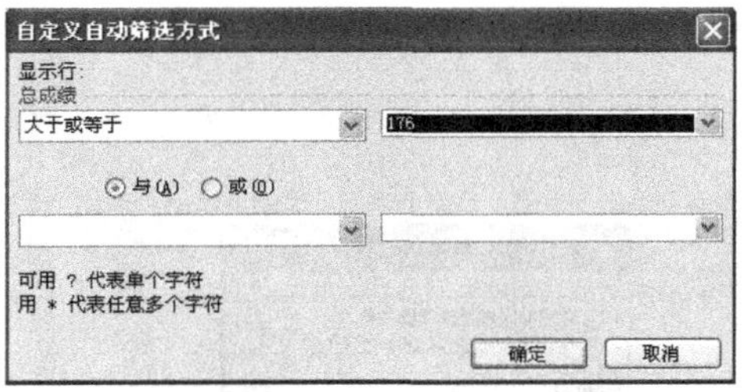

图 5-13　“自定义自动筛选方式”对话框

（2）在“总成绩”选项的第一行列表框的下拉列表中，选择“大于或等于”、“176”选项，单击“确定”按钮，筛选结果如图 5-14 所示。

3. 高级筛选

（1）在“某公司招聘人员成绩表”工作表的 E14:F15 单元格区域输入高级筛选条件“面试成绩>95，总成绩>170”，如图 5-15 所示。

（2）执行“数据”→“筛选”→“高级筛选”命令，打开“高级筛选”对话框，如图 5-16 所示。

图 5-14　自定义筛选结果

图 5-15　输入高级筛选条件

（3）在“方式”选项中，选中“将筛选结果复制到其他位置”单选按钮。

（4）在“列表区域”文本框中输入数据筛选的数据区域，或单击“折叠对话框”按钮，用鼠标选择数据区域，这里选择“Sheet1!$A$1:$F$12”。

（5）在“条件区域”文本框中输入或选择筛选条件的区域，这里选择“Sheet1!$E$14:$F$15”。

（6）在“复制到”文本框中输入或选择筛选结果的放置位置，可以随意选择区域，这里选择“Sheet1!$A$16:$F$19”。

（7）根据需要选中“选择不重复的记录”复选框。

（8）单击“确定”按钮，高级筛选结果如图 5-17 所示。

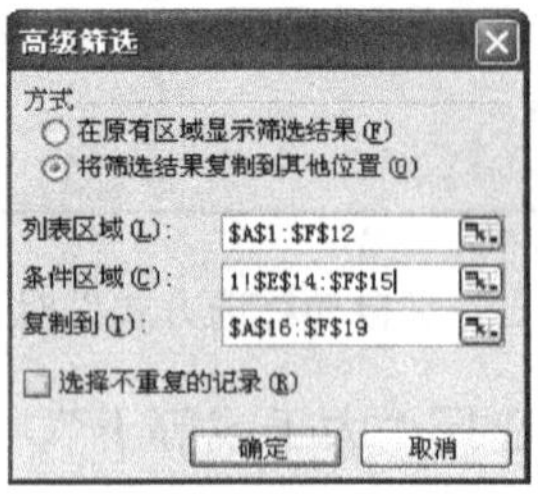

图 5-16　“高级筛选”对话框

	A	B	C	D	E	F
1	序号	姓名	性别	笔试成绩	面试成绩	总成绩
2	1	朱玉琳	女	76	98	174
3	2	赵红雷	男	69	80	149
4	3	王盼花	女	69	88	157
5	4	孙朵朵	女	69	97	166
6	5	孙明	男	70	95	165
7	6	孙彩霞	女	71	70	141
8	7	石奇腾	男	73	69	142
9	8	刘洋洋	女	72	93	165
10	9	刘俊英	女	85	95	180
11	10	刘敬	女	79	97	176
12	11	刘广胜	男	83	86	169
13						
14					面试成绩	总成绩
15					>95	>170
16	序号	姓名	性别	笔试成绩	面试成绩	总成绩
17	1	朱玉琳	女	76	98	174
18	10	刘敬	女	79	97	176

图 5-17　高级筛选结果

4．思考并回答以下问题

（1）在自定义筛选方式中，如何使用“？”和“*”？怎样才能使数据清单中不出现重复的记录？

（2）怎样才能取消对所有列进行的筛选操作？

任务小结

对于一个复杂的数据清单可以通过筛选操作快速找到自己所需的数据。筛选是只显示满足条件的数据记录，将其他一些暂时不用的数据记录隐藏起来。Excel 2003 有自动筛选、自定义筛选和高级筛选功能。灵活选择筛选的形式，可以达到预期的目的。注意筛选与排序有本质区别。

任务 4　制作数据透视表和数据透视图

数据透视图表是一种对大量数据快速汇总和建立交叉列表的动态工作图表，使用它可以快速地转换工作表的行和列，用户也就能从不同的角度查看数据的不同汇总结果。数据透视图表能显示不同页面以筛选数据，也能根据需要显示区域中的数据，进而方便用户对数据进行分析和管理。

任务描述

小张是一家公司销售部门的员工，他每天都要面对很多销售信息，若仅使用 Excel 2003

的排序、自动筛选、分类汇总等功能，已不能很好地帮助他完成工作。他需要找出更好的方法，帮助他统计和分析大量的数据信息。

任务分析

Excel 2003 的数据透视表和数据透视图功能，能够帮助小张解决工作中遇到的困难。数据透视表和数据透视图有关联，也有区别，因此任务操作可以分解为以下过程：

制作数据透视表；

制作数据透视图。

任务操作

1. 制作数据透视表

（1）建立如图 5-18 所示的“销售订单月表”工作表。

（2）执行“数据”→“数据透视表和数据透视图”命令，打开“数据透视表和数据透视图向导--3 步骤之 1”对话框，如图 5-19 所示。

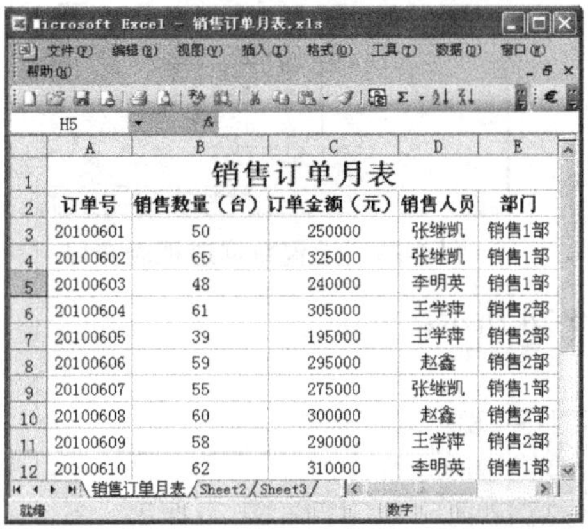

图 5-18　销售订单月表

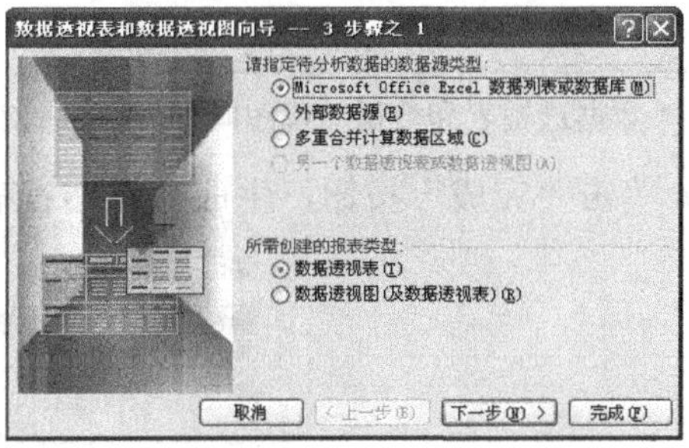

图 5-19　“数据透视表和数据透视图向导--3 步骤之 1”对话框

（3）在“请指定待分析数据的数据源类型”选项中，选中“Microsoft Office Excel 数据列表或数据库”单选按钮；在“所需创建的报表类型”选项中，选中“数据透视表”单选按钮。

（4）单击“下一步”按钮，打开“数据透视表和数据透视图向导--3 步骤之 2”对话框，如图 5-20 所示。

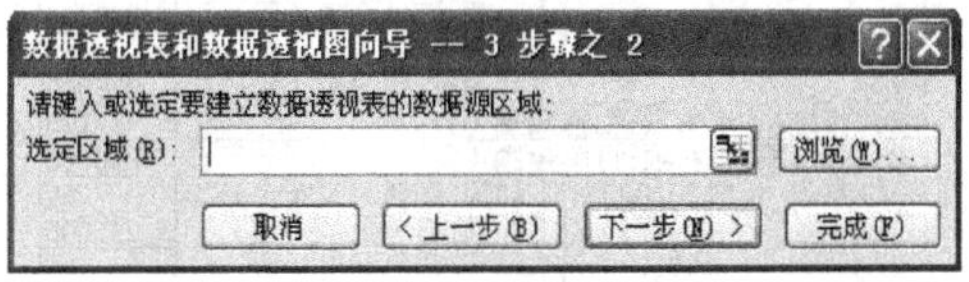

图 5-20　“数据透视表和数据透视图向导--3 步骤之 2”对话框

（5）单击“选定区域”文本框右端的“折叠对话框”按钮，选择数据区域，单击“下一步”按钮，打开“数据透视表和数据透视图向导--3 步骤之 3”对话框，如图 5-21 所示。

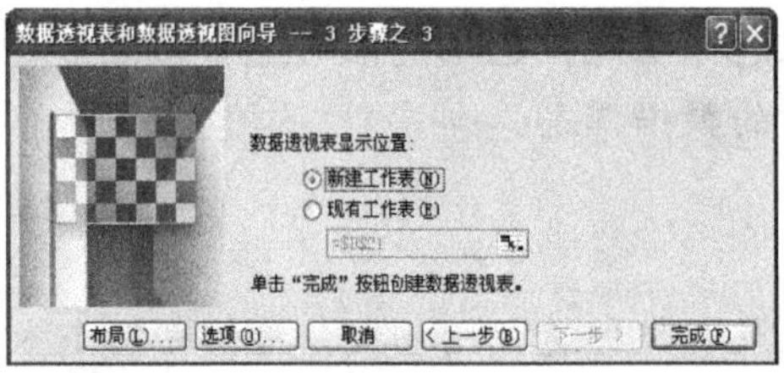

图 5-21 “数据透视表和数据透视图向导--3 步骤之 3”对话框

（6）在“数据透视表显示位置”选项中，选中“新建工作表”单选按钮，单击“布局”按钮，打开“数据透视表和数据透视图向导--布局”对话框，如图 5-22 所示。

（7）将对话框右侧的“部门”按钮拖曳至“页”区域释放；将“销售人员”和“订单号”按钮拖曳至“行”区域释放；将“销售数量（台）”和“销售金额（元）”按钮拖曳至“数据”区域释放，结果如图 5-23 所示。

（8）单击“确定”按钮，即可完成数据透视表布局的设置操作，并返回“数据透视表和数据透视图向导--3 步骤之 3”对话框。

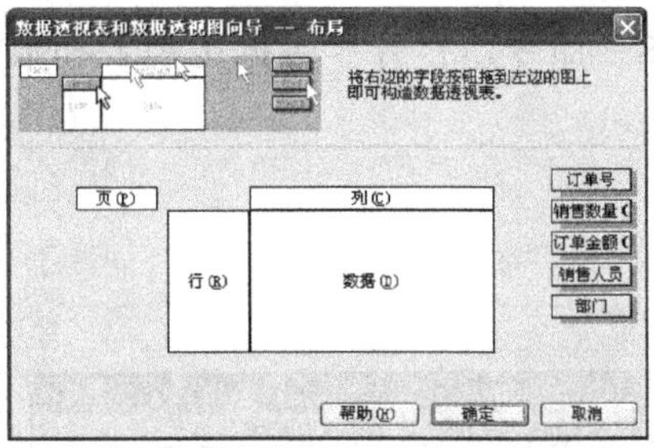

图 5-22 “数据透视表和数据透视图向导--布局”对话框

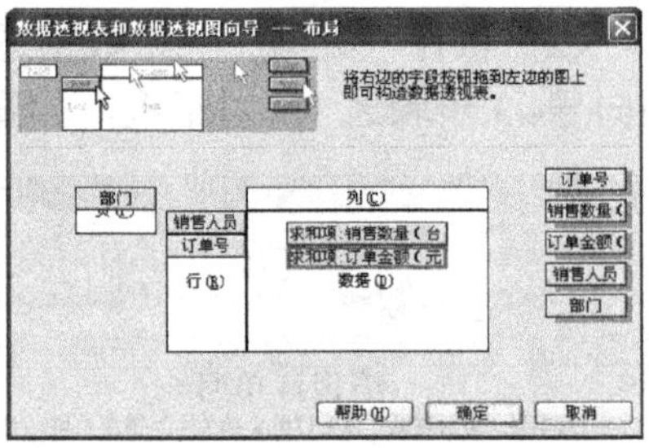

图 5-23 设置数据透视表布局

（9）单击“完成”按钮，生成数据透视表，如图 5-24 所示。

	A	B	C	D
1	部门	(全部)		
2				
3	销售人员	订单号	数据	汇总
4	李明英	20100603	求和项:销售数量（台）	48
5			求和项:订单金额（元）	240000
6		20100610	求和项:销售数量（台）	62
7			求和项:订单金额（元）	310000
8	李明英 求和项:销售数量（台）			110
9	李明英 求和项:订单金额（元）			550000
10	王学萍	20100604	求和项:销售数量（台）	61
11			求和项:订单金额（元）	305000
12		20100605	求和项:销售数量（台）	39
13			求和项:订单金额（元）	195000
14		20100609	求和项:销售数量（台）	58
15			求和项:订单金额（元）	290000
16	王学萍 求和项:销售数量（台）			158
17	王学萍 求和项:订单金额（元）			790000
18	张继凯	20100601	求和项:销售数量（台）	50
19			求和项:订单金额（元）	250000
20		20100602	求和项:销售数量（台）	65
21			求和项:订单金额（元）	325000
22		20100607	求和项:销售数量（台）	55
23			求和项:订单金额（元）	275000
24	张继凯 求和项:销售数量（台）			170
25	张继凯 求和项:订单金额（元）			850000
26	赵鑫	20100606	求和项:销售数量（台）	59
27			求和项:订单金额（元）	295000
28		20100608	求和项:销售数量（台）	60
29			求和项:订单金额（元）	300000
30	赵鑫 求和项:销售数量（台）			119
31	赵鑫 求和项:订单金额（元）			595000
32	求和项:销售数量（台）汇总			557
33	求和项:订单金额（元）汇总			2785000
34				

图 5-24 生成的数据透视表

（10）用户可以根据需要，在“部门”、“销售人员”、“订单号”、“数据”项的下拉列表中选择所要显示的数据，如只显示“销售 1 部”的销售情况，可在“部门”列表中选择“销售 1 部”，显示结果如图 5-25 所示。

	A	B	C	D
1	部门	销售1部		
2				
3	销售人员	订单号	数据	汇总
4	李明英	20100603	求和项:销售数量（台）	48
5			求和项:订单金额（元）	240000
6		20100610	求和项:销售数量（台）	62
7			求和项:订单金额（元）	310000
8	李明英 求和项:销售数量（台）			110
9	李明英 求和项:订单金额（元）			550000
10	张继凯	20100601	求和项:销售数量（台）	50
11			求和项:订单金额（元）	250000
12		20100602	求和项:销售数量（台）	65
13			求和项:订单金额（元）	325000
14		20100607	求和项:销售数量（台）	55
15			求和项:订单金额（元）	275000
16	张继凯 求和项:销售数量（台）			170
17	张继凯 求和项:订单金额（元）			850000
18	求和项:销售数量（台）汇总			280
19	求和项:订单金额（元）汇总			1400000

图 5-25　显示“销售 1 部”的销售情况

2．制作数据透视图

（1）单击“数据透视表”工作表中的任意单元格。

（2）单击“数据透视表”工具栏中的“图表向导”按钮，系统将自动在“数据透视表”所在的工作表之前插入一个命名为“Chart1”的工作表，并在该工作表中自动生成如图 5-26 所示的数据透视图。

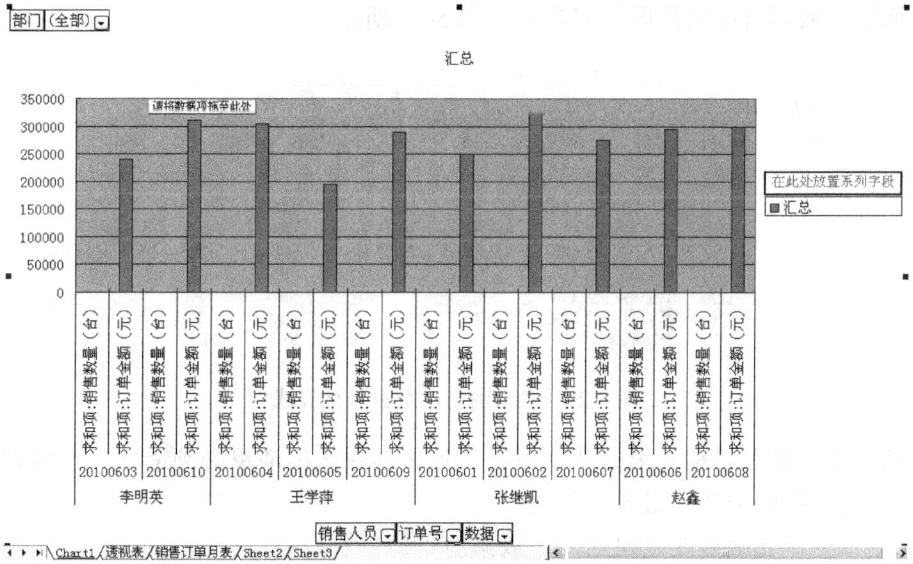

图 5-26　自动生成的数据透视图

（3）将数据透视图所在的工作表重命名为“数据透视图”，保存工作簿。

3．思考并回答以下问题

（1）使用数据透视表和数据透视图可以解决表格数据分析的哪些问题？

（2）数据透视表和数据透视图会随着表格数据的更新而更新吗？为什么？

任务小结

数据透视图表是一种对大量数据快速汇总和建立交叉列表的动态工作图表，是放置在数据工作表以外的工作表。用户可以直接使用向导生成数据透视表或数据透视图，也可以在生成数据透视表后，使用图表向导快速生成数据透视图。

知识链接

1．数据清单

Excel 对数据进行排序、筛选等操作的依据是数据清单，所以建立数据清单是数据处理的基础。

1）数据清单概念

数据清单是有特殊要求的表格，它必须由表结构和纯数据两部分构成。如果数据清单中每一列数据都是相同属性数据的集合，它就能等同于数据库中的字段，如 A 列学生姓名全部是字符型数据、D 列物理成绩全部是数值数据。每一行数据是一个学生的各种属性集合，等同于数据库中的一条记录。从数据清单的结构不难看出，它是由字段和记录构成的二维表，与关系型数据库有相同的结构，所以在数据清单中可以进行类似于数据库中的操作，如排序、查询等。数据清单的数据排列样式如图 5-27 所示。

J17 ▾ fx

	A	B	C	D	E	F
1	学生成绩一览表					
2	姓名	学号	性别	物理	数学	平均成绩
3	刘志刚	132	男	92	83	87.5
4	李鹏	131	男	90	93	91.5
5	葛法林	123	男	89	78	83.5
6	林法志	117	男	65	84	74.5
7	柳林	148	女	83	86	84.5
8	黄冬梅	125	女	97	86	91.5
9	宁小琳	112	女	87	97	92
10	宋朝喜	134	女	78	80	79
11	总平均成绩			85.125	85.875	85.5

图 5-27 数据清单的数据排列样式

既然数据清单是有结构要求的特殊表格，那么创建数据清单必须遵守以下规则：

① 同一列数据的类型、格式应相同。

② 在一张工作表上最好只建立一个数据清单。

③ 工作表的数据清单与其他数据之间至少留出一空列或一空行。

④ 数据清单的数据区不允许出现空行、空列。

⑤ 数据清单的第一行是列标题。

⑥ 字段名长度小于 255 个字符，并有一定含义。

2）创建数据清单

使用“数据”菜单项中的“记录单”命令可以创建数据清单，具体操作步骤如下：

① 在空白工作表的首行输入“学生成绩一览表”，第二行依次输入各字段名，输入结果如图 5-28 所示。

图 5-28　输入结果

② 选定输入数据的单元格。

③ 执行“数据”→“记录单”命令，因字段名下面没有数据，屏幕出现提示对话框，如图 5-29 所示，阅读其中信息选择相应操作，此处单击“确定”按钮。

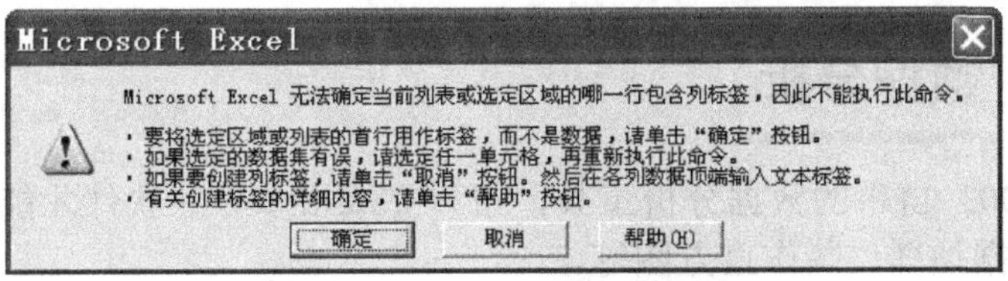

图 5-29　提示对话框

④ 屏幕显示以工作表名命名的对话框，在以字段名命名的文本输入框中输入记录值，如图 5-30 所示。

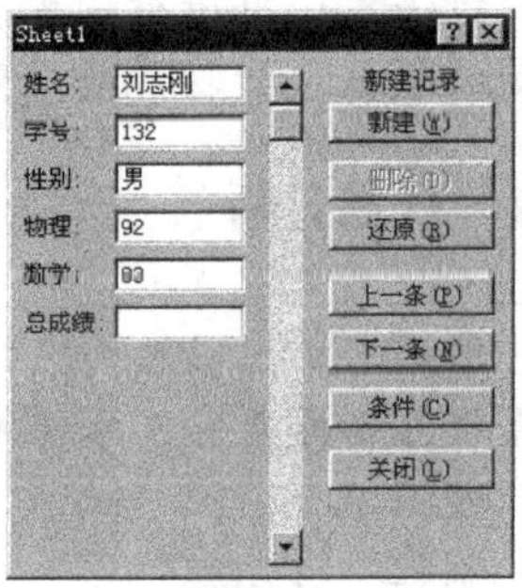

图 5-30　“Sheet1”对话框

⑤ 按【Enter】键或单击“新建”按钮，出现等待新记录输入的对话框。

⑥ 重复步骤④、⑤的操作输入多条记录。

⑦ 所有记录输完后，单击“关闭”按钮。

2．数据排序

排序操作可以对一列或多列中的数据按文本（升序或降序）、数字（升序或降序）、日期和时间（升序或降序）进行，也可以按自定义序列进行排序。排序方法有字母排序与笔画排序，排序方向有按行排序与按列排序。

主关键字是数据排序的依据，在主关键字相同时，按次要关键字进行排序，当第一次要关键字相同时，按第二次要关键字进行排序，以此类推。

3．分类汇总

分类汇总是对数据分析、分类统计得出概括性数据的过程，在进行自动分类汇总前，必须对数据清单进行排序，数据清单的第一行中必须要有列标记。

在“分类汇总”对话框中，单击“全部删除”按钮可以清除数据表中的分类汇总，将数据表恢复到原来样式。

4．数据筛选

筛选就是显示出符合设定条件的表格数据，隐藏不符合设定条件的数据。在 Excel 2003 中提供了自动筛选和高级筛选命令。

自动筛选方式只能设置简单的筛选条件，需要设置复杂的筛选条件时，要使用高级筛选方式。在设置高级筛选时，需要建立一个条件区域，一个条件区域需要用两行，至少需要用两个单元格，在第一行的单元格中输入指定的字段名称，在第二行的单元格中输入字段的筛选条件值。

构造筛选条件是有条件检索的基础，筛选条件越精细越合理，筛选结果就越准确。筛选条件是由关系运算符构成的关系表达式，其中可以使用通配符“？”和“*”。筛选条件较多时，应使用“与”、“或”逻辑运算符连接关系表达式。为了能清楚地看到筛选结果，系统将不满足条件的数据暂时隐藏起来，在撤销筛选条件后，这些数据又重新出现。设置完自动筛选后，再次单击“筛选”按钮，可以取消筛选，回到原始状态。

任务拓展　数据分析

使用 Excel 2003 自带的数据分析工具，可以完成很多专业软件才能完成的数据统计、分析等工作，如数据抽样、制作直方图等。

任务描述

过去，小刘进行烦琐复杂的数据分析，都是采用手工方法，自从学会了使用 Excel 2003 自带的数据分析功能后，他开始使用其中的数据分析功能完成过去手工完成的任务。

任务分析

使用 Excel 2003 的数据抽样功能，可以实现对数据的随机抽取和统计，制作直方图可以直观显示频数分布和累积频数表，因此数据分析任务被分解为以下过程：

数据抽样；

制作直方图。

任务操作

1．数据抽样

（1）打开原始数据表格“某合资企业招聘人员面试成绩”，如图 5-31 所示。

（2）执行“工具”→“数据分析”命令，打开“数据分析”对话框，如图 5-32 所示。

（3）选择“抽样”选项，单击“确定”按钮，打开“抽样”对话框，如图 5-33 所示。

（4）在“抽样”对话框“输入”选项的“输入区域”文本框中输入或选择输入的区域，

这里选择“$A$3:$A$60”；在“抽样方法”选项中，选中“随机”单选按钮，在“样本数”文本框中输入“20”；在“输出选项”选项中，选中“输出区域”单选按钮，并输入或选择输出的区域，这里选择“$B$3”。

（5）单击“确定”按钮，显示计算机随机抽样的结果，如图 5-34 所示。

图 5-31　“某合资企业招聘人员面试成绩”表

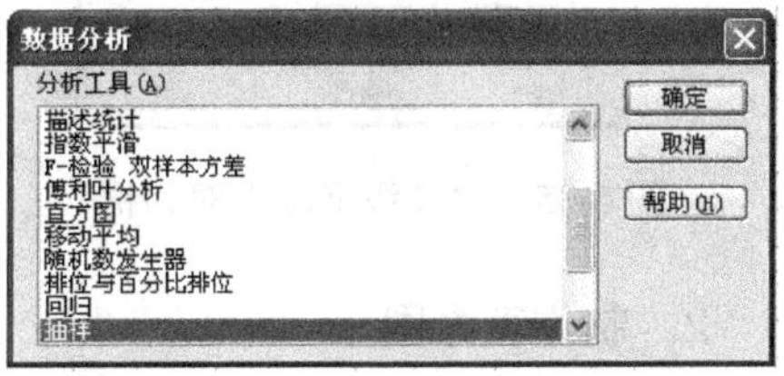

图 5-32　“数据分析”对话框

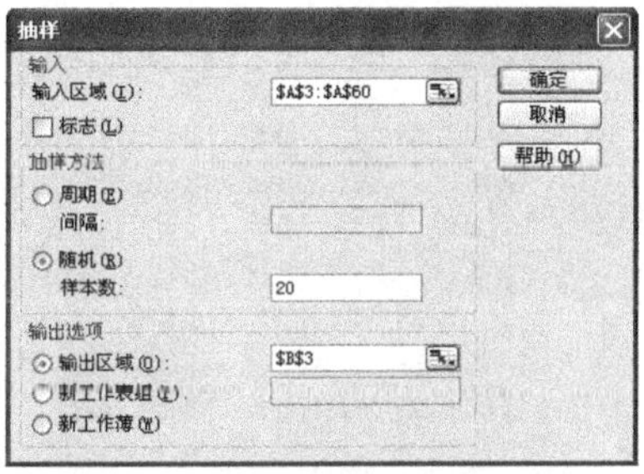

图 5-33　“抽样”对话框

图 5-34　抽样结果

提示：由于随机抽样时每个数据都可以被多次抽取，所以在样本中的数据一般都会有重复现象，解决此问题有待于程序的完善，现在可以使用筛选功能对所得数据进行筛选。

（6）选中“抽样结果”列，执行“数据”→“筛选”→“高级筛选”命令，打开“高级筛选”对话框，如图 5-35 所示。

（7）在“高级筛选”对话框的“方式”选项中，选中“在原有区域显示筛选结果”单选按钮，在“列表区域”文本框中选择或输入“$B$2:$B$22”，选中“选择不重复的记录”复选框，单击“确定”按钮，去掉重复抽样的记录，结果如图 5-36 所示。

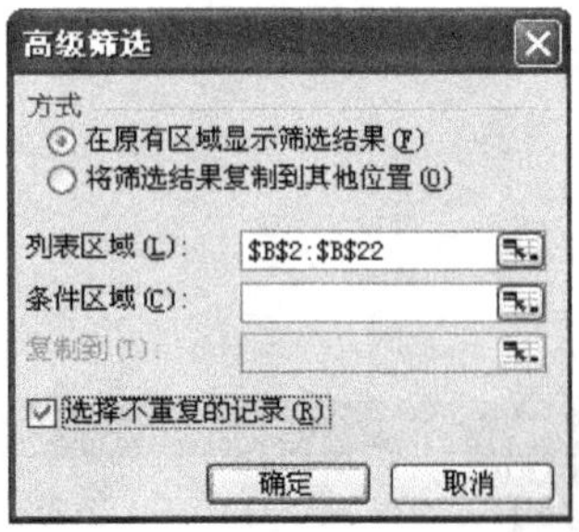

图 5-35 “高级筛选”对话框

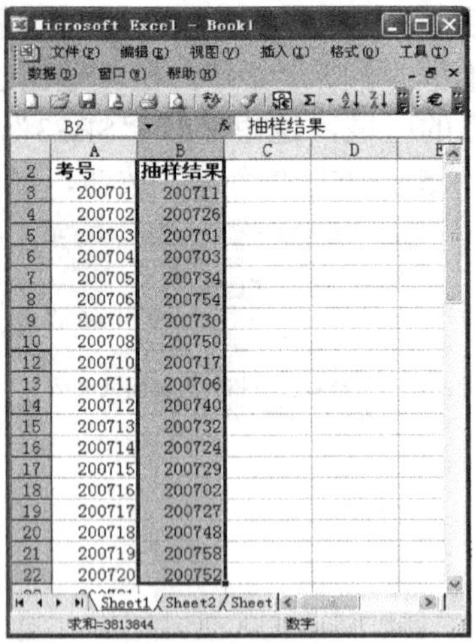

	A	B
2	考号	抽样结果
3	200701	200711
4	200702	200726
5	200703	200701
6	200704	200703
7	200705	200734
8	200706	200754
9	200707	200730
10	200708	200750
12	200710	200717
13	200711	200706
14	200712	200740
15	200713	200732
16	200714	200724
17	200715	200729
18	200716	200702
19	200717	200727
20	200718	200748
21	200719	200758
22	200720	200752

图 5-36 去掉重复记录的抽样结果

2．制作直方图

（1）打开原始数据表格“某合资企业招聘人员面试成绩”。

（2）在右侧输入数据接受序列，本例采用 10 分为一个分数统计单元，如图 5-37 所示。

提示：数据接受序列就是分数段统计的数据间隔，该区域包含一组可选的用来定义接受区域的边界值，这些值应当按升序排序。

	A	B	C	D
1	某合资企业招聘人员面试成绩			
2	考号	成绩		分数段（接受区域）
3	200701	78		0
4	200702	89		10
5	200703	84		20
6	200704	81		30
7	200705	92		40
8	200706	100		50
9	200707	98		60
10	200708	49		70
11	200709	56		80
12	200710	86		90
13	200711	68		100
14	200712	98		
15	200713	76		

图 5-37 数据接受序列

（3）执行“工具”→“数据分析”命令，打开“数据分析”对话框，选择“直方图”选项，单击“确定”按钮，打开“直方图”对话框，如图 5-38 所示。

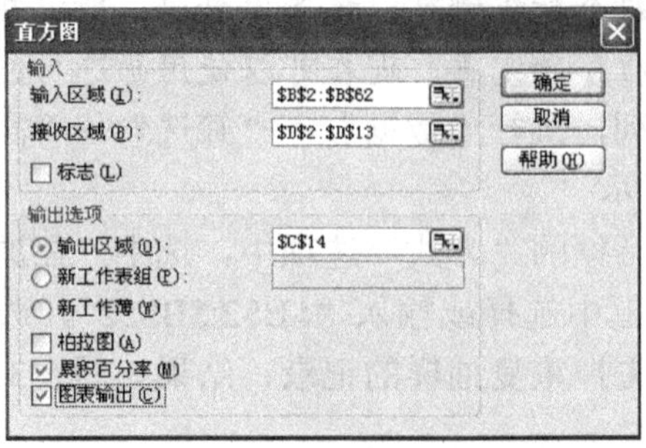

图 5-38 “直方图”对话框

（4）在“输入”选项的“输入区域”文本框中选择原始数据区域，这里选择“$B$2:$B$62”，在“接受区域”文本框中选择数据接受序列，这里选择“$D$2:$D$13”；在“输出选项”选项中，选中“输出区域”单选按钮，并在其后的文本框中输入或选择新对象插入的位置，这里选择“$C$14”，选中“累积百分率”和“图表输出”复选框。

提示： 选中“柏拉图”复选框可在输出表中按降序显示数据；选中“累积百分率”复选框则会在直方图上叠加累积频率曲线。

（5）单击“确定”按钮，即可生成相应的直方图，结果如图 5-39 所示。

分数段接受区域	频率	累积 %
0	0	0.00%
10	1	1.67%
20	1	3.33%
30	0	3.33%
40	0	3.33%
50	3	8.33%
60	3	13.33%
70	7	25.00%
80	11	43.33%
90	11	61.67%
100	23	100.00%
其他	0	100.00%

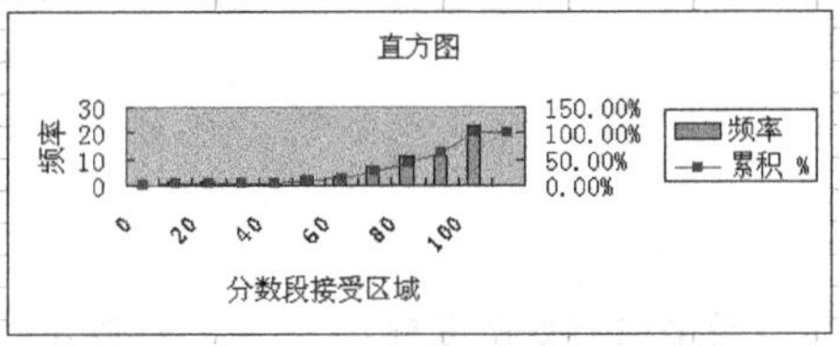

图 5-39　生成的直方图

（6）根据需要对生成的直方图进行适当的调整，调整后的直方图如图 5-40 所示。

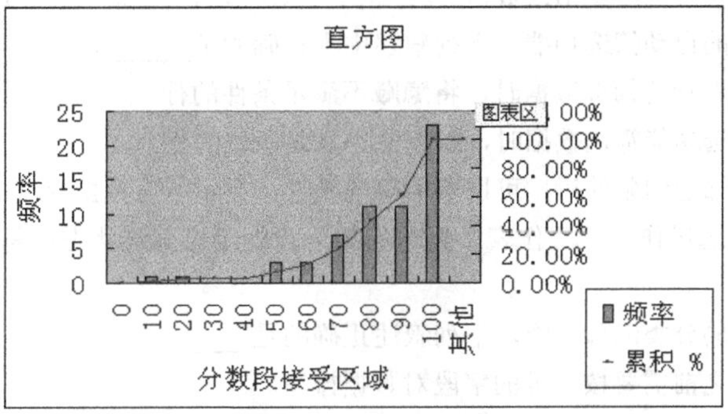

图 5-40　调整后的直方图

3．思考并回答以下问题

（1）使用 Excel 2003 的数据分析功能可以解决哪些问题？

（2）Excel 2003 都有哪些数据分析功能？

任务小结

Excel 2003 提供了多种数据分析工具，各种工具有不同的作用。使用数据抽样工具可以实现数据的随机抽取和统计，制作直方图可以显示频数分布和累积频数。数据分析工具附加在 Excel 2003 的扩展功能中，如果打开 Excel 2003 未找到“数据分析”命令，说明尚未安装数据分析工具。执行“工具”→“加载宏”命令，打开“加载宏”对话框，在“加载宏”对话框中选中“分析工具库”复选框，根据屏幕提示进行加载。加载成功后，就可以在“工具”菜单项中看到“数据分析”命令了。

本章小结

掌握本章的学习内容，需要完成4个任务。学会对数据清单进行筛选，可以有目的地显示需要的对象；能够对数据按降序或升序排序，可以将最大或最小数据排在最前面，方便查找极限值；分类汇总可以将某类数据集中在一起，以方便对比分析；数据透视表和数据透视图也具有汇总功能，也是方便数据分析的有用工具。若用户能够在了解这4个任务操作的基础上独立完成数据的筛选、排序、分类汇总和制作数据透视表、数据透视图任务，说明已达到了学习本章的目的。

使用 Excel 2003 自带的数据分析工具，可以完成很多专业软件才能完成的数据统计、分析任务，因此，相关操作也是某些专业人员必须掌握的内容。

习题5

1．选择题

（1）在分类汇总之前，需要按分类字段对数据进行________，否则分类汇总将出现错误的结果。

A．计算　　B．筛选　　C．排序　　D．统计

（2）Excel 2003 中的汇总功能，只能对______字段进行。

A．字符　　B．数值　　C．文本　　D．所有

（3）关于 Excel 2003 的自动筛选功能，下列叙述中不正确的是______。

A．使用自动筛选功能筛选数据时，将隐藏不满足条件的行

B．使用自动筛选功能筛选数据时，将删除不满足条件的行

C．设置了自动筛选的条件后，可以取消筛选条件，显示所有数据行

D．执行自动筛选操作后，工作表中数据的第一行处于可筛选状态，每一列字段的右侧都出现一个下拉按钮

（4）关于 Excel 2003 的分类汇总功能，下列叙述正确的是_______。

A．在分类汇总之前需要按分类的字段对数据排序

B．在分类汇总之前不需要按分类的字段对数据排序

C．Excel 2003 的分类汇总方式是求和

D．可以使用删除行的操作来取消分类汇总的结果，恢复原来的数据

（5）若筛选条件较多时，应使用__________运算符连接关系表达式。

A．逻辑　　B．关系　　C．字符　　D．算术

（6）数据透视表中的数据可以从__________中获得。

A．外部数据库　　B．多张 Excel 工作表

C．其他的数据透视表　　D．工作簿

2．判断题

（1）对 Excel 2003 中的文本进行排序，只能按拼音排序。　（　）

（2）使用常用工具栏中的“升序排序”或“降序排序”按钮排序，只能按单个字段名的内容进行排序。

（　　）

（3）在 Excel 2003 中，筛选分为高级筛选和自动筛选。（　　）

（4）在进行分类汇总前，需要对分类字段进行排序，使数据按类排列。（　　）

（5）高级筛选时必须建立条件区域。（　　）

（6）进行数据筛选前必须对数据排序。（　　）

（7）数据透视表中的数据不能从外部获得。（　　）

（8）数据透视表可以不基于工作表单独存在。（　　）

3．操作题

（1）录入如样例 5-1 所示的“销售记录表”，按主关键字“城市”的笔画数递增、次关键字“联系人”的笔画数递增排序，排序结果如样例 5-2 所示。完成后保存在“我的文档”中，文件名为“练习 5-1”。

样例 5-1：

	A	B	C	D	E	F
1	销售记录表					
2	订单编号	地区	城市	订货金额	联系人	地址
3	10368	东北	大连	10198	王先生	冀州西街6号
4	10395	东北	大连	2689	王先生	名城大街9号
5	10332	东北	大连	9698	王先生	机场路21号
6	10401	华北	大连	9823	王先生	跃进路326号
7	10431	东北	大连	6874	王先生	名城街9号
8	10460	东北	大连	1634	陈先生	合安路82号
9	10315	东北	长春	9100	方先生	关北大路东82号
10	10318	东北	长春	3696	方先生	汉正南街62号
11	10252	东北	长春	9874	刘先生	东管西林路87号
12	10309	东北	长春	10265	周先生	施顺西路78号
13	10263	华北	北京	16893	方先生	白石路116号
14	10255	华北	北京	28659	王先生	复兴路12号
15	10260	华北	北京	5687	王先生	海淀区18号
16	10263	华北	北京	32136	余小姐	光明北路124号
17	10264	华北	北京	13546	程先生	石景山路462号
18	10393	华北	秦皇岛	3679	苏先生	青年路43号
19	10452	华北	秦皇岛	12060	苏先生	冀北路23号
20	10283	华北	秦皇岛	8562	陈先生	海明街39号
21	10250	华北	秦皇岛	6588	谢小姐	光华街22号

样例 5-2：

	A	B	C	D	E	F
1	销售记录表					
2	订单编号	地区	城市	订货金额	联系人	地址
3	10368	东北	大连	10198	王先生	冀州西街6号
4	10395	东北	大连	2689	王先生	名城大街9号
5	10332	东北	大连	9698	王先生	机场路21号
6	10401	华北	大连	9823	王先生	跃进路326号
7	10431	东北	大连	6874	王先生	名城街9号
8	10460	东北	大连	1634	陈先生	合安路82号
9	10315	东北	长春	9100	方先生	关北大路东82号
10	10318	东北	长春	3696	方先生	汉正南街62号
11	10252	东北	长春	9874	刘先生	东管西林路87号
12	10309	东北	长春	10265	周先生	施顺西路78号
13	10263	华北	北京	16893	方先生	白石路116号
14	10255	华北	北京	28659	王先生	复兴路12号
15	10260	华北	北京	5687	王先生	海淀区18号
16	10263	华北	北京	32136	余小姐	光明北路124号
17	10264	华北	北京	13546	程先生	石景山路462号
18	10393	华北	秦皇岛	3679	苏先生	青年路43号
19	10452	华北	秦皇岛	12060	苏先生	冀北路23号
20	10283	华北	秦皇岛	8562	陈先生	海明街39号
21	10250	华北	秦皇岛	6588	谢小姐	光华街22号

（2）在上面排序的基础上，按“城市”对“订货金额”进行“求和”分类汇总，汇总结果显示在数据下方，分类汇总如样例 5-3 所示。

样例 5-3：

	A	B	C	D	E	F
1	销售记录表					
2	订单编号	地区	城市	订货金额	联系人	地址
3	10368	东北	大连	10198	王先生	冀州西街6号
4	10395	东北	大连	2689	王先生	名城大街9号
5	10332	东北	大连	9698	王先生	机场路21号
6	10401	华北	大连	9823	王先生	跃进路326号
7	10431	东北	大连	6874	王先生	名城街9号
8	10460	东北	大连	1634	陈先生	合安路82号
9			大连 汇总	40916		
10	10315	东北	长春	9100	方先生	关北大路东82号
11	10318	东北	长春	3696	方先生	汉正南街62号
12	10252	东北	长春	9874	刘先生	东管西林路87号
13	10309	东北	长春	10265	周先生	施顺西路78号
14			长春 汇总	32935		
15	10263	华北	北京	16893	方先生	白石路116号
16	10255	华北	北京	28659	王先生	复兴路12号
17	10260	华北	北京	5687	王先生	海淀区18号
18	10263	华北	北京	32136	余小姐	光明北路124号
19	10264	华北	北京	13546	程先生	石景山路462号
20			北京 汇总	96921		
21	10393	华北	秦皇岛	3679	苏先生	青年路43号
22	10452	华北	秦皇岛	12060	苏先生	冀北路23号
23	10283	华北	秦皇岛	8562	陈先生	海明街39号
24	10250	华北	秦皇岛	6588	谢小姐	光华街22号
25			秦皇岛 汇总	30889		
26			总计	201661		

（3）在“销售记录表”中查找“东北”地区、“大连”市、“王先生”的所有销售记录，筛选结果如样例 5-4 所示。

样例 5-4：

	A	B	C	D	E	F
1	销售记录表					
2	订单编号	地区	城市	订货金额	联系人	地址
3	10368	东北	大连	10198	王先生	冀州西街6号
11	10395	东北	大连	2689	王先生	名城大街9号
14	10332	东北	大连	9698	王先生	机场路21号
19	10431	东北	大连	6874	王先生	名城街9号

（4）以“销售记录表”为例，创建“数据透视表和数据透视图”，结果如样例 5-5、样例 5-6 所示。

样例 5-5：

	A	B	C
1	地区	（全部）	
2			
3	求和项:订货金额		
4	城市	联系人	汇总
5	北京	程先生	13546
6		方先生	16893
7		王先生	34346
8		余小姐	32136
9	北京 汇总		96921
10	长春	方先生	12796
11		刘先生	9874
12		周先生	10265
13	长春 汇总		32935
14	大连	陈先生	1634
15		王先生	39282
16	大连 汇总		40916
17	秦皇岛	陈先生	8562
18		苏先生	15739
19		谢小姐	6588
20	秦皇岛 汇总		30889
21	总计		201661

样例 5-6：

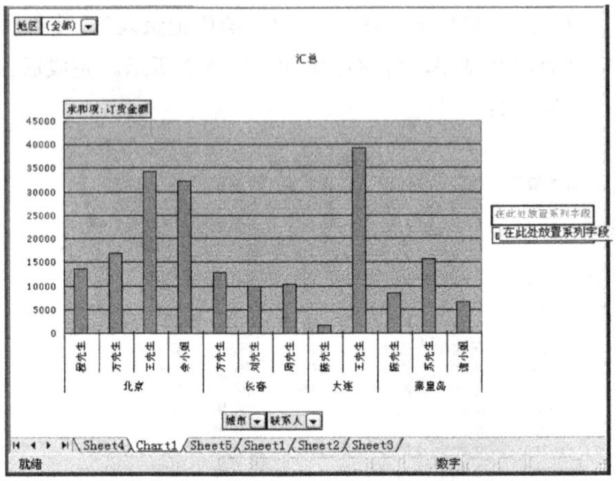

第6章　打印电子表格

用纸张保存或传送文档是信息交流的重要方式，因此，如何方便、快捷、美观地将文档打印出来成为学习的重要环节。使用打印机可以把电子表格变成纸质文档，但是要打印出样式精美的文档，必须进行打印设置。打印设置不但是为了使电子表格和打印纸张相互匹配，而且能强化打印效果，把一些电子表格中原本没有的内容添加到纸质文档中。

任务1　设置页面

打印 Excel 表格之前，应全面考虑电子表格与打印纸张的适应性，有针对性地设置纸张大小、页面边距、页眉页脚等内容，使打印出来的表格样式美观、格式正确。

任务描述

某单位人事部决定把参与竞聘人员的笔试和面试成绩打印出来，并张榜公示，以便让每位参与者知道自己的考试成绩和名次，真正做到公开、公正选拔人才。为了让成绩单打印效果比较好，人事部工作人员小张首先对电子表格的页面进行了设置。

任务分析

打印前的设置页面，主要应考虑电子表格与纸张的适应性和纸张表格的页眉、页脚显示内容等。利用“页面设置”对话框可以设置纸张大小、页边距和工作表的其他内容，因此设置打印表格页面的任务可以分解为以下过程：

设置打印纸张;

设置页边距;

设置页眉/页脚;

设置工作表。

任务操作

1. 设置打印纸张

（1）打开“招聘人员成绩表”工作表。

（2）执行“文件”→“页面设置”命令，打开“页面设置”对话框，如图 6-1 所示。

（3）在“页面”选项卡的“方向”选项中，选中“横向”单选按钮，在“纸张大小”下拉列表中选择“A4”，“起始页码”设为“自动”。

（4）在“缩放”选项中，若选中“缩放比例”单选按钮，并在数值输入选择框中输入或选择缩放比例后，打印表格相应进行缩放；若选中“调整为”单选按钮，并在数值输入选择框中输入或选择页宽和页高值后，打印表格与设定值相适应。

（5）单击“确定”按钮，将保存页面设置的内容，退出“页面设置”对话框。若有多个选项卡中的内容需要设置，可在全部设置完成后单击“确定”按钮退出操作。

2. 设置页边距

（1）在“页面设置”对话框中，选择“页边距”选项卡，如图 6-2 所示。

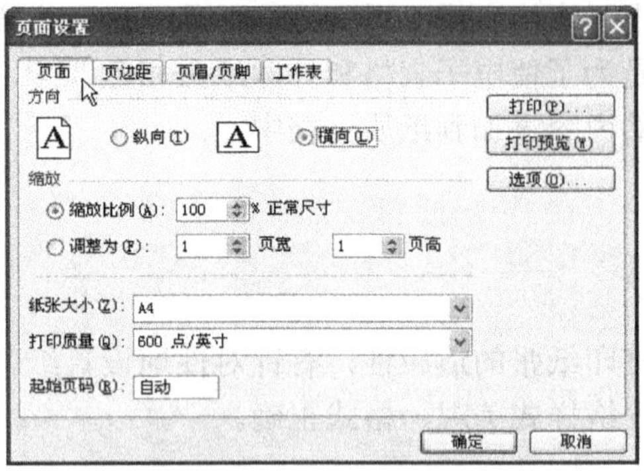

图 6-1 “页面设置”对话框

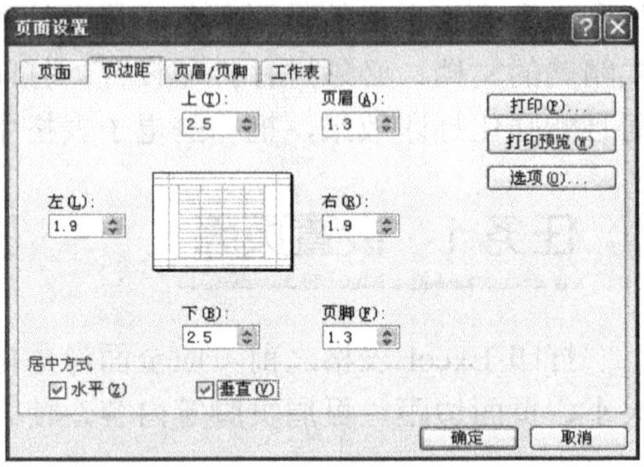

图 6-2 “页边距”选项卡

（2）在“页边距”选项卡的上、下、左、右 4 个数值输入选择框中输入或选择表格边距值。

（3）在“页眉”、“页脚”数值输入选择框中输入或选择距上、下边的距离，该距离应小于页边距，以保证页眉、页脚不被表格数据覆盖。

（4）在“居中方式”选项中，选中“水平”和“垂直”复选框，以保证表格在页面居中对齐。

3. 设置页眉/页脚

（1）在“页面设置”对话框中，选择“页眉/页脚”选项卡，如图 6-3 所示。

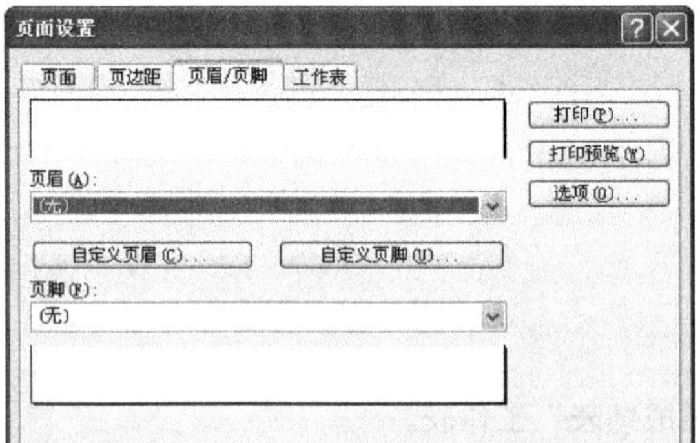

图 6-3 “页眉/页脚”选项卡

（2）单击“页眉”或“页脚”下拉列表框的下拉按钮，选择添加系统提供的页眉或页脚。若添加自拟的页眉内容，单击“自定义页眉”按钮，打开“页眉”对话框，如图6-4所示。

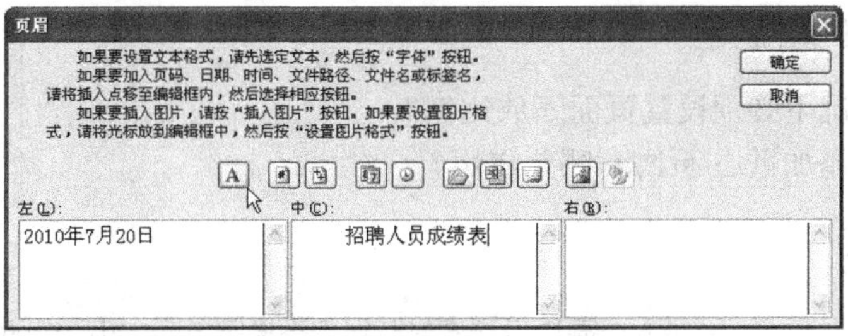

图6-4 “页眉”对话框

（3）在“左”文本框中输入“2010年7月20日”，在“中”文本框中输入“招聘人员成绩表”。选定“招聘人员成绩表”，单击“字体”按钮，打开“字体”对话框，如图6-5所示。

（4）设置“字体”为“楷体–GB2312”，“大小”为“16”，“加粗”显示，单击“确定”按钮，返回“页眉”对话框查看设置效果。

（5）在“页眉/页脚”选项卡中，单击“页脚”下拉列表框的下拉按钮，选中“第1页”，添加系统提供的页脚。

提示：自定义页脚的操作与自定义页眉相似。

4．设置工作表

（1）在“页面设置”对话框中，选择“工作表”选项卡，如图6-6所示。

（2）在“打印区域”文本框中，输入打印的工作区域“A1:H20”，或单击“折叠对话框”按钮选择打印区域。

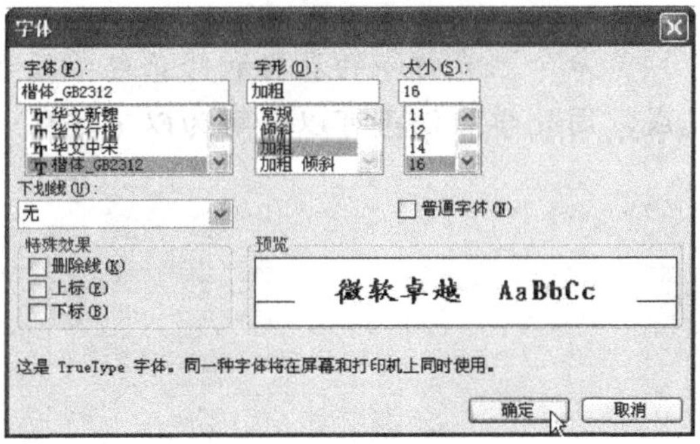

图6-5 “字体”对话框

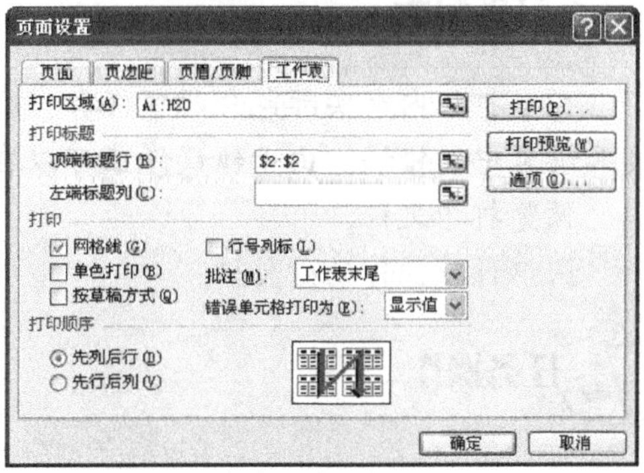

图6-6 “工作表”选项卡

（3）在“打印标题”选项中设置行标题，在“顶端标题行”文本框中输入或单击“折叠对话框”按钮，选择第2行作为水平标题，如果表格的长度超过了一页，则在每页的开头可以显示出标题。

（4）选中“打印”选项中的“网格线”复选框，打印内容的同时打印网格线，在“批注”下拉列表中选择“工作表末尾”选项。

（5）在“打印顺序”选项中，选中“先列后行”单选按钮，表格按列打印输出。

（6）单击“确定”按钮，完成页面设置。

5. 思考并回答以下问题

（1）在什么情况下必须设置页面缩放比例？

（2）在文档中添加页眉/页脚有哪些作用？

任务小结

与编辑 Word 文档不同，许多人在制作电子表格时根本不考虑页面大小，由此造成电子表格与打印纸张大小存在适应性问题，因此页面设置是打印表格前必须要做的重要工作。进行页面设置不但能够解决将电子表格恰当地变成纸质文档的问题，也可以给电子表格添加页眉、页脚和网格线修饰表格。通过选择“文件”菜单项中的“页面设置”选项，打开“页面设置”对话框，可以进行打印电子表格的页面设置操作。

任务 2　预览打印文件

完成打印设置后，应使用打印预览功能来检查设置效果，尽可能检查出打印格式中的错误，以保证文档打印一次成功，这样既能节约打印成本又提高了工作效率。

任务描述

小张完成打印前的页面设置工作后，决定使用 Excel 2003 的打印预览功能查看设置的效果，检查是否能够达到预期的目的，最后再将电子表格打印出来。

任务分析

预览打印内容实际包含两项任务，即使用打印预览命令预览打印的表格和修正电子表格页面设置中的错误。由于错误修正可以在预览中完成，因此学习任务可以分解为以下过程：

预览打印文件；

认识预览操作的重要性。

任务操作

1. 预览打印文件

（1）打开“招聘人员成绩表”工作表。

（2）执行“文件”→“打印预览”命令，预览打印输出表格的实际效果，如图 6-7 所示。

（3）单击“设置”按钮，打开“页面设置”对话框，修改页面设置中出现的不恰当或错误内容，如图 6-8 所示。

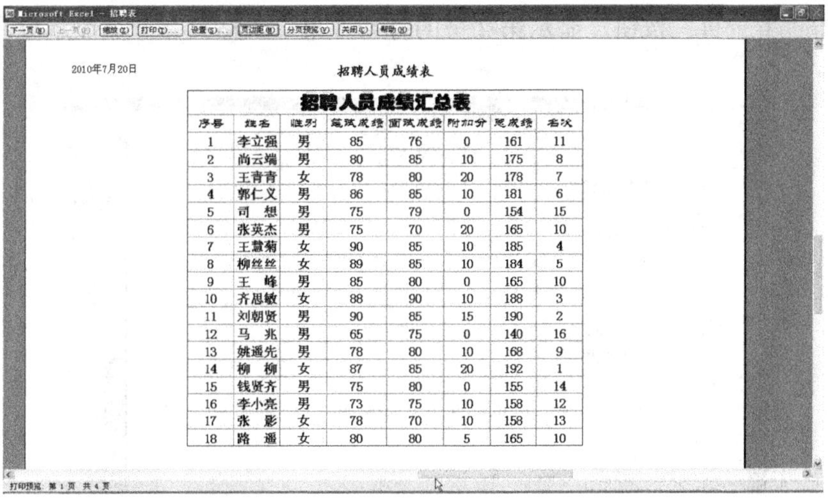

图 6-7　预览表格

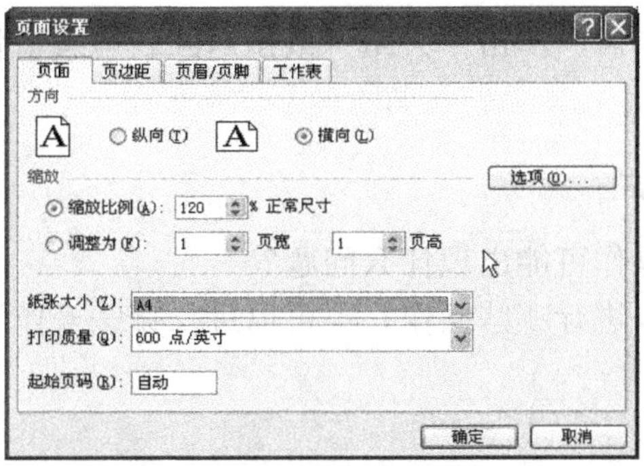

图 6-8　修改页面设置内容

（4）单击“页边距”按钮，显示页边距边框线，用鼠标拖动边框线可以调整页边距和页眉、页脚的位置，如图 6-9 所示。

图 6-9　显示页边距边框线

（5）单击“下一页”按钮，显示第 2 页的打印效果，表格只有一页显示批注的内容，如图 6-10 所示。

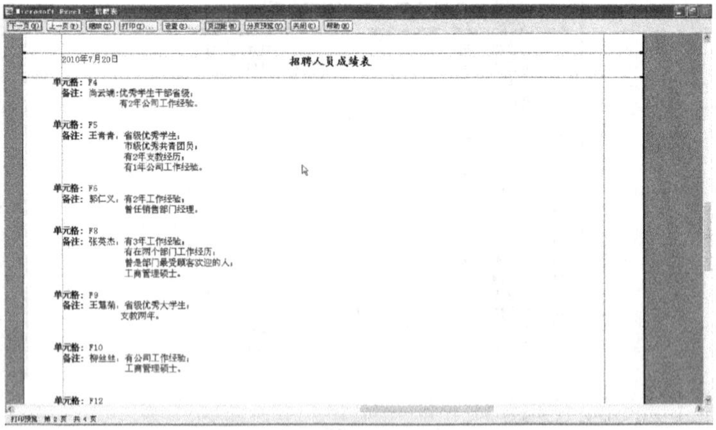

图 6-10　显示批注内容

（6）完成打印预览操作后，单击“关闭”按钮返回表格编辑状态，或单击“打印”按钮打印电子表格。

2．思考并回答以下问题

（1）不进行打印预览操作可能出现什么问题？

（2）在预览环境中可以进行哪些操作？不可以进行哪些操作？

任务小结

打印预览是查看打印效果的操作，使用预览功能在打印前发现问题并修正，可以减少耗材浪费，节约打印成本。在预览时允许修改页面设置内容，其操作和在普通视图中一样，单击“设置”按钮即可打开“页面设置”对话框，边查看边修改更有利于得到满足用户需要的纸质表格。预览环境中提供的翻页功能，可以方便用户查看所有打印页面。预览环境提供的打印功能，能够使用户直接进入打印操作，建议在全部预览打印页面后再选择打印操作。

任务 3　设置打印参数

当用户完全编排好文档之后即可进行打印输出。打印文档时，可单击“常用”工具栏上的“打印”按钮直接进行文档的打印输出，如果在打印时用户有其他要求，如只打印文档的某些部分，这就需要打开“打印”对话框，进行详细的打印参数设置。

任务描述

在把计算机编辑好的表格变成纸质文档时，小张遇到了以下问题：需要若干份时要逐份打印效率低下、中间打错一页又不想全部重打、有时仅需要打印页面中的某一部分等。小张仔细斟酌后发现，他遇到的所有问题都涉及打印范围，只要掌握设置打印范围的方法，问题就能迎刃而解。

任务分析

设置打印控制参数可以实现有目的、有计划地打印输出文档，“打印内容”对话框提供了设置打印内容控制操作环境，正确设置其中的内容就能够高效打印输出需要的内容。因此，本学习任务可以被分解为以下过程：

设置打印参数；

了解设置操作对打印结果的影响。

任务操作

1. 设置打印参数

（1）执行“文件”→“打印”命令，打开“打印内容”对话框，如图 6-11 所示。

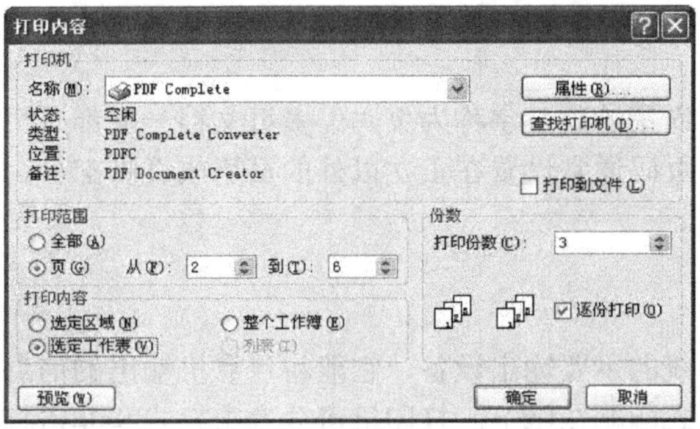

图 6-11　“打印内容”对话框

（2）在“打印范围”选项中，选择需要打印的表格页，选中“全部”单选按钮，打印全部的表格内容；选中“页”单选按钮，在“从”数值输入选择框中输入打印起始页，在“到”数值输入选择框中输入打印结束页，可以打印部分页。

（3）在“打印内容”选项中，选中“选定区域”单选按钮打印表格中选定内容；选中“选定工作表”单选按钮打印当前工作表；选中“整个工作簿”单选按钮打印工作簿中的所有工作表。

（4）在“份数”选项的“打印份数”数值输入选择框中输入打印份数，选中“逐份打印”复选框，则打印一份完整表格后再打印第 2 份。

（5）设置完成后，单击“确定”按钮，打印机按设置要求打印输出表格。

2. 思考并回答以下问题

（1）选中与不选“逐份打印”复选框，对打印有什么影响？

（2）选中“打印机”选项中的“打印到文件”复选框的目的是什么？

任务小结

设置打印参数是为了满足用户特殊的打印需求，由于系统默认的是打印一份选定工作表的全部内容，所以若要打印多份、打印整个工作簿、打印工作表中的部分内容，就必须进行打印参数设置。执行“文件”菜单项中的“打印”命令，打开“打印内容”对话框，可以选择打印机，设置打印范围、打印内容、份数，也可以将打印对象转换为打印文件。

知识链接

1. 页眉和页脚

页眉、页脚是加注在文档每一页的上端（页眉）、底端（页脚）的文字或图片，文字可以是章节题目、作者姓名简介、页码等表示一定含义的内容，也可以是纯修饰性的内容。在文档中，可以自始至终使用相同的页眉、页脚，也可以在文档的不同部分使用不同的页眉、页脚。

2. 页码

书籍每一页上标明次第的数目字称为页码。多页文档一般都有页码，文档加注页码既便于装订，又方便查阅。页码通常设置在正文以外的页眉或页脚部分，在某些文档中也可以设置在侧面页边距的位置。

3. 打印机

打印机是计算机系统的主要输出设备，它能将计算机输出的信息以单色或彩色的字符、汉字、表格、图像等形式印刷在纸上。打印机可分为击打式和非击打式两大类，喷墨式打印机、激光式打印机属于非击打式打印机，也是目前应用较多的打印机类型。

喷墨式印字技术是利用输纸进给系统和高速墨水喷控系统联动，控制纸张通过喷墨头时的墨水束颜色和量，在纸上形成点阵字符或图像。喷墨打印机的结构简单，工作噪声低，设备体积小、价格低，但打印成本较高。目前喷墨式打印机的市场占有率很高，在彩色输出设备中，彩色喷墨式打印机已占有 80%以上的市场份额。

激光式打印机是将激光扫描技术和电子照相技术相结合的印字输出设备。激光扫描负责把打印内容照射到感光鼓的表面，感光鼓根据内容吸附碳粉微粒，然后在纸张通过时转印到上面，印有内容的纸张通过加热器后定型输出。激光式打印机的打印速度快、分辨率高、噪声低、平均打印成本较低，但设备成本、耗材成本较高。

4. 连接打印机

打印机与计算机可以通过并行接口电缆或 USB 电缆进行连接，使用并行接口电缆连接时，应首先确定打印机和计算机都已关闭，然后将并行接口电缆的一端插入打印机后面的并行接口插座，使用钢丝扣锁定插头，另一端插入计算机的并行接口。连接完成后开机，计算机会检测出发现了新的硬件设备，利用打印机安装向导逐步操作即可完成安装打印机驱动程序等所有安装内容。若系统没有 USB 端口，在安装向导的操作过程中可以创建新的端口。

任务拓展　设置打印机属性

正确合理地设置打印机的属性，可以控制打印质量，节约打印成本。

任务描述

小张的办公室有一台喷墨打印机，由于每天的打印任务比较多，墨水的消耗量很大，为了节约打印成本，他决定通过设置打印机的属性来控制墨水的使用量。小张的目的非常明确，就是利用打印机设置控制打印输出。

任务分析

节省墨水的代价是打印质量下降，因此在打印草稿或对打印质量要求不高时，可以考虑降低分辨率，以节省打印机墨水。设置打印机属性可以控制打印效果、降低墨水消耗，因此，学习任务可以被分解为以下过程：

设置打印机属性；

了解打印机属性设置的适应环境。

任务操作

1. 设置打印机属性

（1）执行“文件”→“打印”命令，打开“打印内容”对话框，如图 6-12 所示。

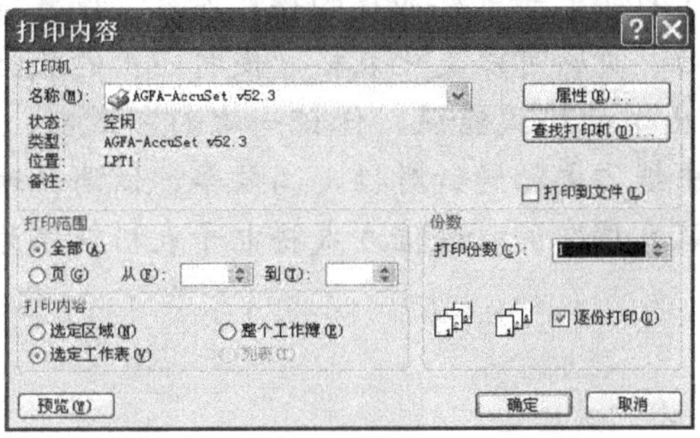

图 6-12　“打印内容”对话框

（2）在“打印机”选项的“名称”下拉列表中选择打印电子表格的打印机。

（3）单击“属性”按钮，打开打印机的“属性”对话框，如图 6-13 所示。

（4）单击“高级”按钮，打开打印机的“高级选项”对话框，单击“图形”目录中的“打印质量”下拉列表，在其中选择打印的文档中图形所要求的分辨率，如图 6-14 所示。

（5）单击“确定”按钮，完成打印机属性的设置。

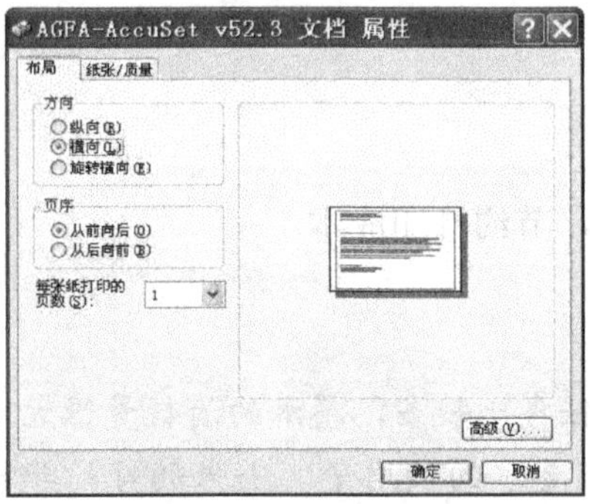

图6-13　打印机的“属性”对话框

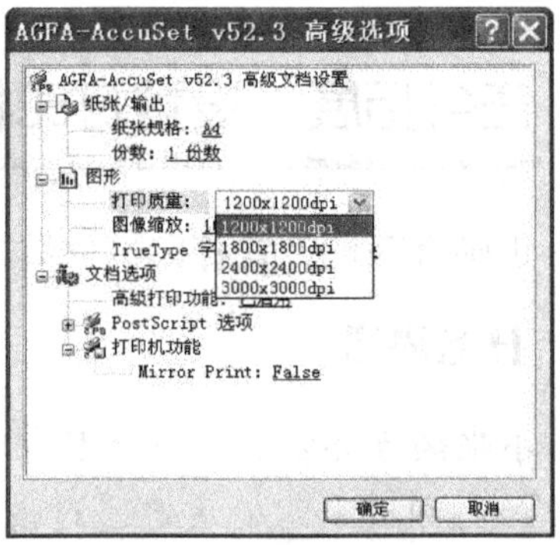

图6-14　打印机的“高级选项”对话框

2. 思考并回答以下问题

（1）为什么不同类型打印机的属性设置不同？

（2）如何才能高效率、低消耗的使用打印机？设定打印对象，给出设置内容。

任务小结

设置打印机属性是在选择打印机并确定打印对象后的操作，主要目的是充分利用打印机的高性能打印出高质量的文档，或降低打印机的打印性能，节省墨粉、墨水。不同打印机的性能参数不同，需要设置的内容也不同。在“打印内容”对话框中，单击“属性”按钮即可进入打印机属性设置环境。

本章小结

本章分3个任务讲解了打印电子表格涉及的操作内容。设置页面可以使电子表格和纸张相适应，添加表格线、页眉、页脚可以美化表格，使打印出的表格更好地满足用户需要；预览打印表格可以减少打印出现的格式错误，保证一次打印成功；设置打印参数和打印机属性，则是为了提高打印输出纸质文档的针对性，高效率、低消耗地完成打印任务。打印表格操作自成体系，需要用户认真揣摩并以最佳方式将电子表格转换为纸质表格。

习题6

1. 选择题

（1）关于工作表打印操作，下列说法不正确的是________。

A. 打印时，可以打印整个工作表或部分工作表内容

B. 可以利用“打印预览”命令，观察打印的效果

C. 只能利用“文件”菜单项中的“打印”命令实现打印功能

D. 打印时，可以设置不同的文本风格

（2）利用 Excel 2003 中的“面页设置”命令可以设置________。

A．工作表的区域　　B．工作表打印时的页边距

C．工作表打印方向　　D．工作表的网格线

（3）通过设置可以打印电子表格的__________。

A．选定区域　　B．单个工作表　　C．整个工作簿　　D．若干页

2．判断题

（1）页眉/页脚内容只能在打印成纸质文件后显示。（　　）

（2）打印时，可以对工作表设置不同形式的页面。（　　）

（3）节省打印墨水的代价是降低打印质量。（　　）

（4）使用预览功能不能查看批注的内容。（　　）

（5）不同打印机的功能不同，需要设置的属性内容也不同。（　　）

3．操作题

（1）打印一个工作表，按以下要求设置打印参数。

① 纸张的大小为 B5，纵向打印。

② 为表格每页设置页眉和页脚。

③ 每页要求有行标题，表格带有网格线，并打印批注内容。

（2）设置 EPSON 2000K 打印机的打印属性。

① 打印质量为 360×360 dots per inch。

② 打印质量为草图质量。

（3）预览并打印一个电子表格，要求如下：

① 预览时调整页边距。

② 打印数为 2 份。

第7章 提高表格应用效率

在使用 Excel 2003 帮助工作的过程中，若能借助一些特别的方法和技巧，可以达到快速处理电子表格数据的目的，进而大大提高表格的应用效率。

任务1 共享工作簿

为了提高表格编辑的工作效率，有时可能需要多人同时处理一张 Excel 表，为了满足用户的这种需求，Excel 2003 允许将一个 Excel 文件设置为共享状态供多人同时编辑。在多用户同时编辑表格的过程中，Excel 2003 会自动保持数据信息的不断更新。

任务描述

小张制作了一个学生学籍资料信息表，由于信息量大，他想以多个同学分工合作的方式，共同把今年的学生基本情况录入到计算机中。“学生学籍资料信息表 2010.xls” 存放在小张的计算机中。

任务分析

小张对预定工作任务进行了认真分析，发现要达到预期目标，需要完成共享工作簿设置、共享文件夹设置等一系列操作，因此，任务操作可以考虑分解为以下过程：

设置共享工作簿；

设置共享文件夹；

保护共享工作簿；

突出显示修订；

断开用户与共享工作簿的连接；

停止工作簿的共享状态。

任务操作

1．设置共享工作簿

（1）打开“学生学籍资料信息表 2010”工作簿。

（2）执行“工具”→“共享工作簿”命令，打开“共享工作簿”对话框，如图 7-1 所示。

（3）在“编辑”选项卡中选中“允许多用户同时编辑，同时允许工作簿合并”复选框。

（4）选择“高级”选项卡，在“更新”选项中，选中“保存文件时”单选按钮，使保存工作簿时更新其他用户对此工作簿的编辑内容，如图 7-2 所示。

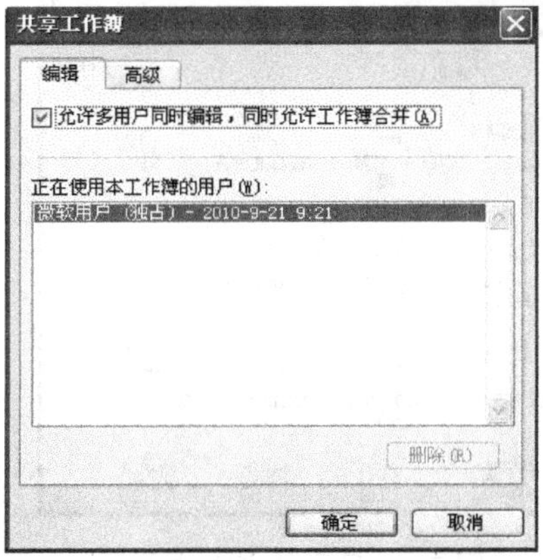

图 7-1 “共享工作簿”对话框

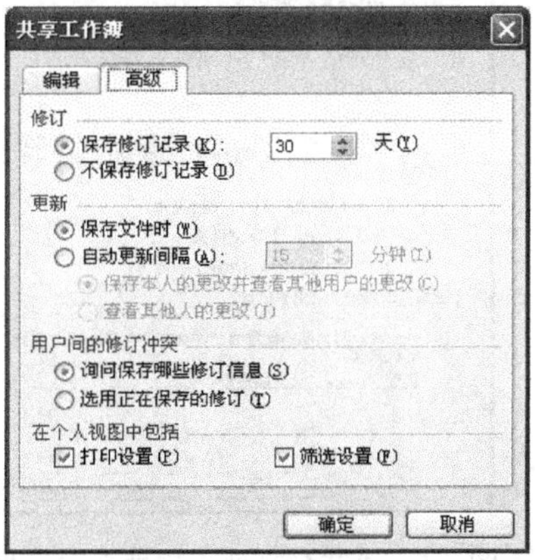

图 7-2 “高级”选项卡

（5）单击“确定”按钮，显示提示信息，提示用户是否保存此操作，如图 7-3 所示。

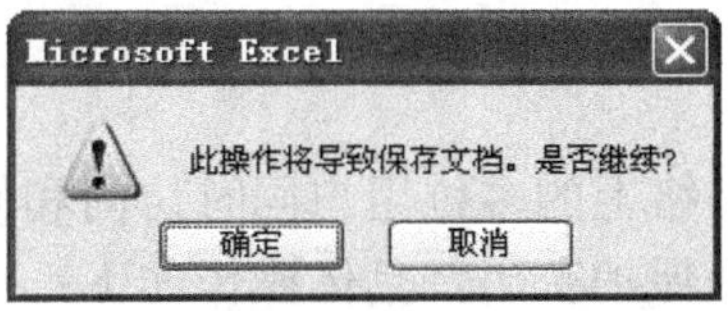

图 7-3 操作提示信息

（6）单击“确定”按钮返回工作簿，此时，标题栏的工作簿名称后面出现了“共享”两字，表示该文件已被共享，如图 7-4 所示。

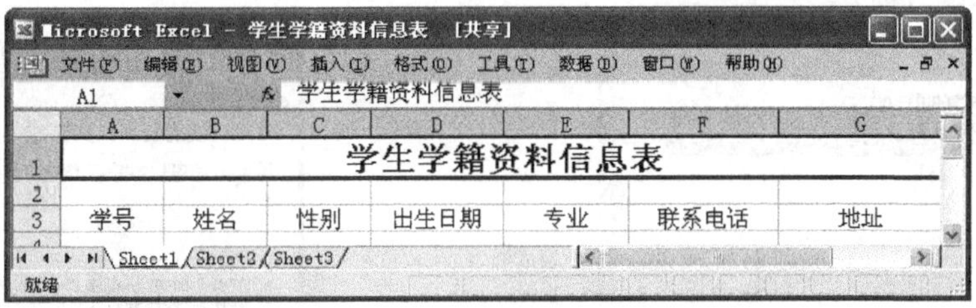

图 7-4 共享工作簿

2．设置共享文件夹

（1）找到保存工作簿的文件夹，鼠标指向文件夹，单击鼠标右键，在弹出的快捷菜单中选择“共享和安全”选项，打开“共享文件夹属性”对话框，如图 7-5 所示。

（2）在“共享”选项卡的“网络共享和安全”选项中，选中“在网络上共享这个文件夹”和“允许网络用户更改我的文件”复选框，在“共享名”文本框中设置文件夹的共享名称。

（3）单击“确定”按钮，此时，选中的文件夹已被共享，如图 7-6 所示，当其他用户登录设置了共享文件夹的计算机，找到保存工作簿的共享文件夹后，就可以将其打开。

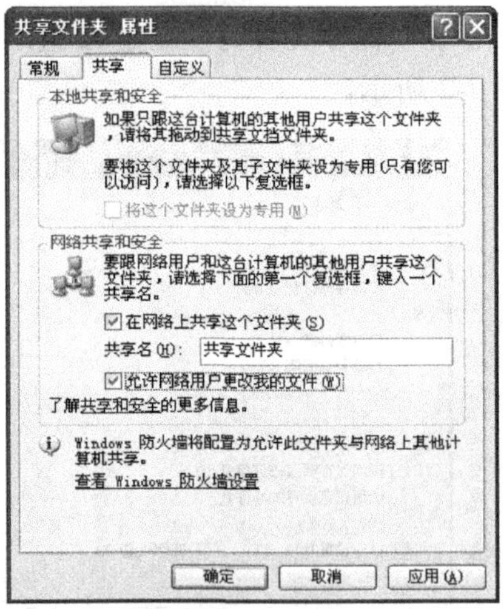

图 7-5 “共享文件夹属性”对话框

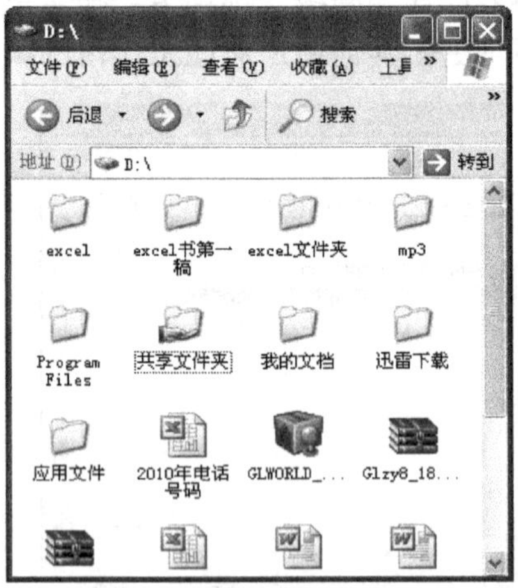

图 7-6 显示共享文件夹

（4）用户打开共享工作簿时，在“共享工作簿”对话框中可以看到共享的用户名称，如图 7-7 所示。

3. 保护共享工作簿

设置工作簿共享后，允许网络上的多位用户同时访问和修改其中的内容，为避免随意修改设置，可以为工作簿指定一个保护密码，具体操作如下：

（1）执行“工具”→“保护”→“保护共享工作簿”命令，打开“保护共享工作簿”对话框，如图 7-8 所示。

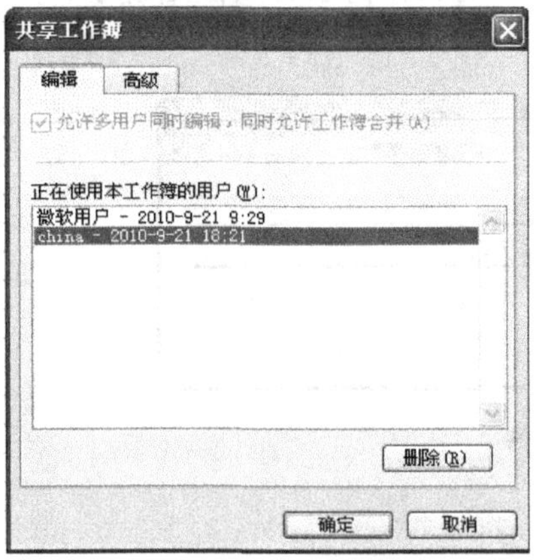

图 7-7 在“共享工作簿”对话框中显示共享用户名称

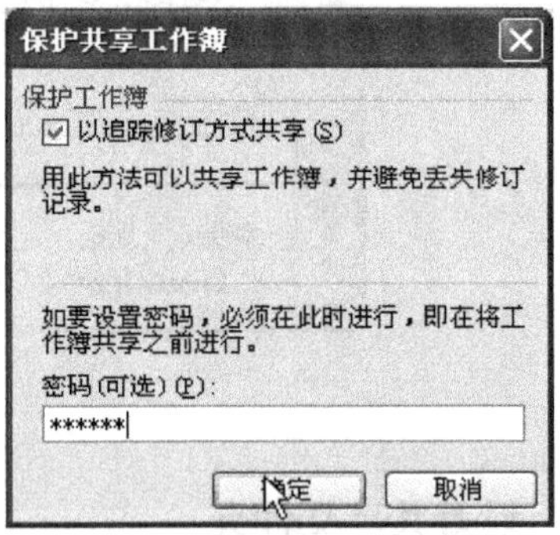

图 7-8 “保护共享工作簿”对话框

（2）选中“以追踪修订方式共享”复选框，在“密码”文本框中输入密码，然后在出现的提示框中再次输入确认密码。

提示：如果工作簿已经处在共享状态，则不能为其设置密码。

4. 突出显示修订

若想知道其他用户对工作簿数据的修改内容，可以使用“突出显示修订”功能显示被修改的内容，具体操作如下：

（1）执行“工具”→“修订”→“突出显示修订”命令，打开“突出显示修订”对话框，如图 7-9 所示。

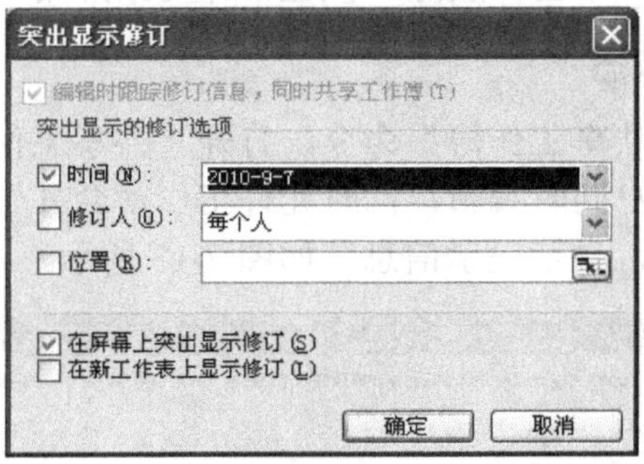

图 7-9　“突出显示修订”对话框

（2）在“时间”下拉列表框中，选择起始日期；选中“修订人”复选框，在“修订人”下拉列表框中选择“每个人”选项。

（3）单击“确定”按钮，系统会自动查找修改的内容，并在被修改的单元格左上角显示一个蓝色的三角形，当鼠标指针指向有蓝色三角形的单元格时，会显示修订内容，如图 7-10 所示。

图 7-10　显示修订内容

提示：用户或联机用户对共享工作簿修订后，用户可以通过“接受或拒绝修订”命令完成对已修改内容的最终确认。

（4）执行“工具”→“修改”→“接受或拒绝修订”命令，打开“接受或拒绝修订”对话框，如图 7-11 所示。

（5）单击“时间”下拉列表按钮，选择起始日期；选中“修订人”复选框，在“修订人”下拉框中选择“每个人”选项。

（6）单击“确定”按钮，显示提示信息，提示用户是否接受修订内容，如图 7-12 所示。

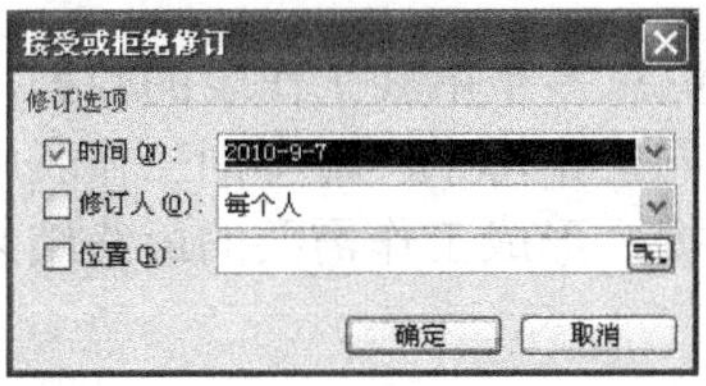

图 7-11　“接受或拒绝修订”对话框

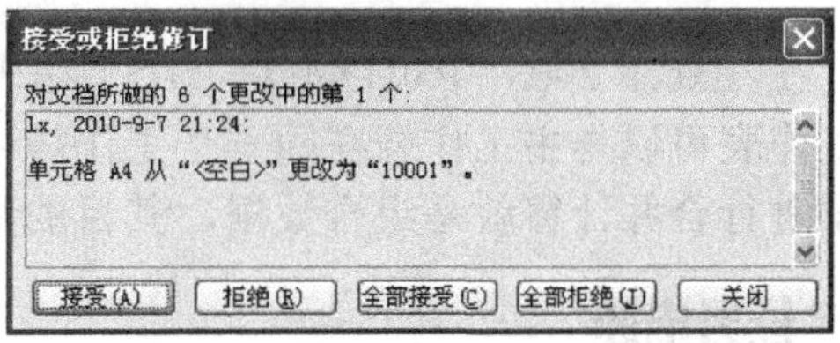

图 7-12　显示提示信息

（7）单击“接受”或“拒绝”按钮，确认接受或拒绝修订内容。

5．断开用户与共享工作簿的连接

（1）执行“工具”→“共享工作簿”命令，打开“共享工作簿”对话框。

（2）选中要断开的用户，单击“删除”按钮，即可断开用户与共享工作簿的连接。

6．停止工作簿的共享状态

（1）执行“工具”→“共享工作簿”命令，打开“共享工作簿”对话框。

（2）取消对“允许多用户同时编辑，同时允许工作簿合并”复选框的选择。

（3）单击“确定”按钮，显示提示信息，如图 7-13 所示。

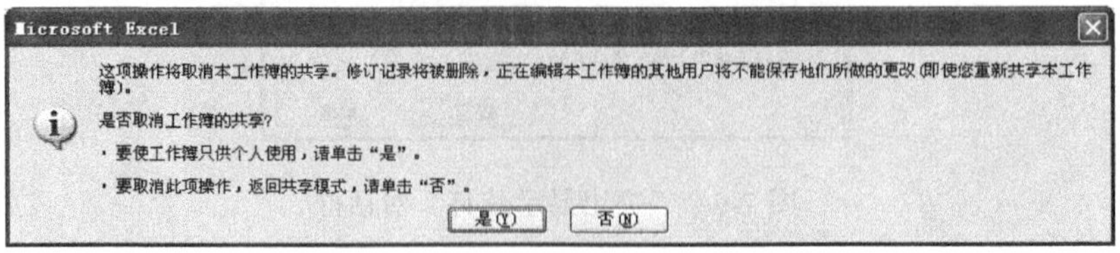

图 7-13　停止工作簿共享状态的提示信息

（4）单击“是”按钮，即可停止工作簿的共享状态。

提示：取消工作簿共享前，其他用户应保存并关闭共享工作簿，否则，未保存的数据信息将会丢失。

7．思考并回答以下问题

（1）断开用户与共享工作簿的连接与停止工作簿的共享有什么区别？

（2）在 Excel 2003 中如何设置自动更新间隔的时间？

任务小结

通过执行“工具”→“共享工作簿”命令，可以设置工作簿共享，使多人能够同时编辑一个工作簿，这一举措能够大大提高表格的编辑效率，但同时存在安全风险问题，应用者应予以足够的重视。

本任务仅讲解了如何设置共享工作簿、如何设置共享文件夹、如何断开用户与共享工作簿的连接、如何停止工作簿的共享状态等内容，没有涉及共享表格的编辑操作。在网络中打开共享工作簿后的编辑操作与在本机操作并无差别。

任务 2　跨工作簿计算

在 Excel 2003 中可以汇总一个工作表的数据，也可以汇总多个单独工作表的数据，这些工作表可以与主工作表在同一个工作簿中，也可以位于不同工作簿中。对不同工作表中的数据进行合并计算就是组合数据，其目的是关联多个表格数据，形成工作需要的最终结果。

任务描述

小张每季度都要做一张公司各部门办公材料消耗表，他想统计近两年来公司各部门办公材料消耗总和及各部门的平均消耗量。

任务分析

小张查看了近几年的记录表格，发现一年的材料消耗表存放在一个工作簿中，要对近两年的数据进行统计，必须跨工作簿计算。他决定使用合并计算功能，完成计算任务，因此，他把计算任务分解为以下过程：

合并计算求和；

合并计算求平均值。

任务操作

1. 合并计算求和

（1）打开“2009 年办公消耗”、“2010 年办公消耗”和“2009、2010 年合计表”工作簿。

（2）执行“数据”→“合并计算”命令，打开“合并计算”对话框，如图 7-14 所示。

（3）在“函数”下拉列表框中，选择“求和”函数，单击“引用位置”文本框后的“折叠对话框”按钮，选择“2009 年办公消耗”工作簿“一季度”工作表中的 B3:E8 单元格区域，如图 7-15 所示。

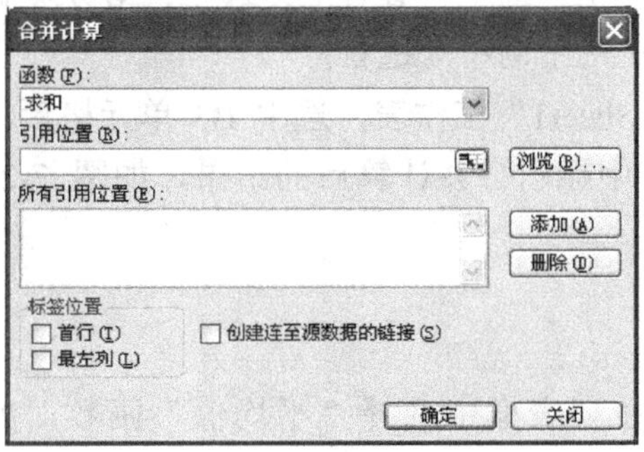

图 7-14　“合并计算”对话框

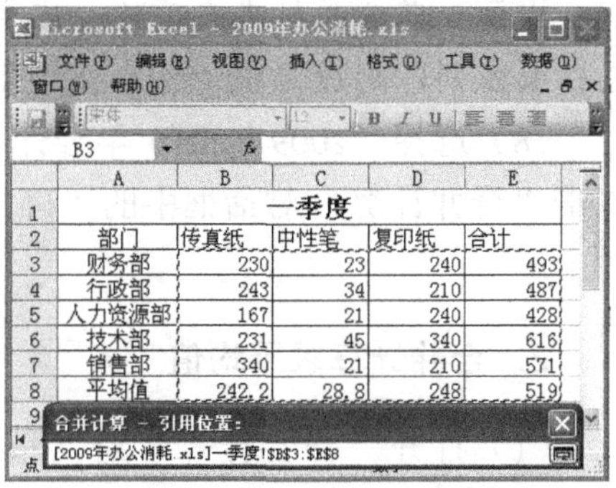

图 7-15　选择引用区域

（4）在“合并计算”对话框中，单击“添加”按钮，此时选择的单元格区域被添加到“所有引用位置”列表框中，如图 7-16 所示。

（5）用同样的方法分别将“2009 年办公消耗”工作簿中的“二季度”、“三季度”和“四季度”工作表的 B3:E8 单元格区域添加到“所有引用位置”列表框中，如图 7-17 所示。

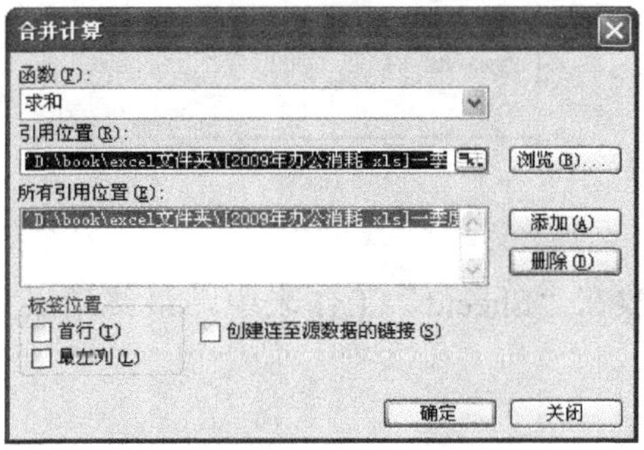

图 7-16　添加第一个工作表

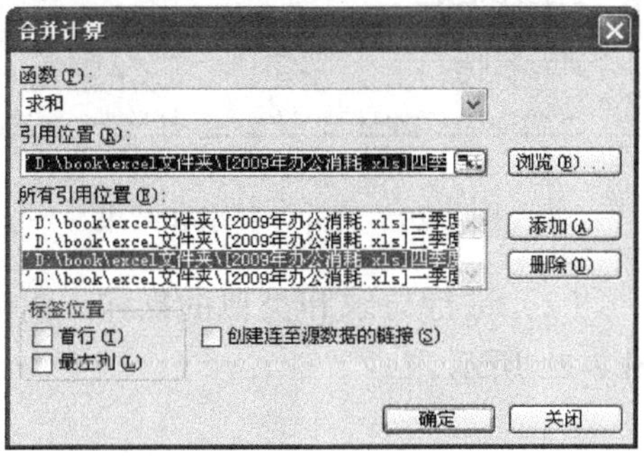

图 7-17　添加多个工作表

（6）选择“2010 年办公消耗”工作簿，用同样的方法分别将该工作簿的 4 个工作表中的 B3:E8 单元格区域添加到“所有引用位置”列表框中，同时选中“首行”和“最左列”复选框，如图 7-18 所示。

（7）在“所有引用位置”列表框中选中要删除的源区域，单击“删除”按钮，即可删除引用源区域，如图 7-19 所示。

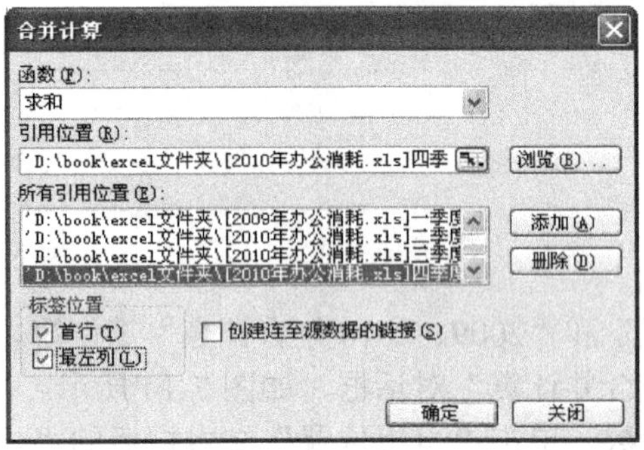

图 7-18　添加第 2 个工作簿中的工作表

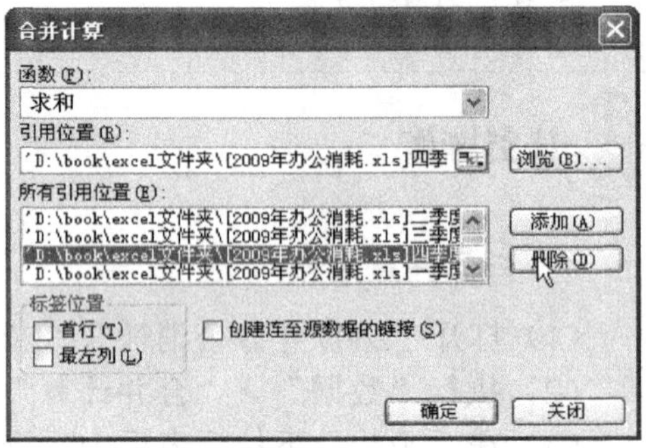

图 7-19　删除引用源区域

提示：若分类标志在顶端，应在“合并计算”对话框中选中“首行”复选框；若分类标志在最左列，则应选中“最左列”复选框，也可以同时选中两个复选框。

（8）选择“2009、2010 年合计表”工作簿中的“Sheet1”工作表，选中 B3 单元格后，单击“合并计算”对话框中的“确定”按钮，工作表中显示合并计算后的结果，如图 7-20 所示。

2．合并计算求平均值

（1）打开“合并计算”对话框，在“函数”下拉列表框中选择“平均值”函数，如图 7-21 所示。

2009、2010年度办公材料合计表

部门	传真纸	中性笔	复印纸	合计
财务部	1830	182	1800	3812
行政部	1932	236	1690	3858
人力资源部	1345	225	2140	3710
技术部	1783	350	2560	4693
销售部	2580	177	1790	4547
平均值	1894	234	1996	4124

图 7-20　合并计算求和结果

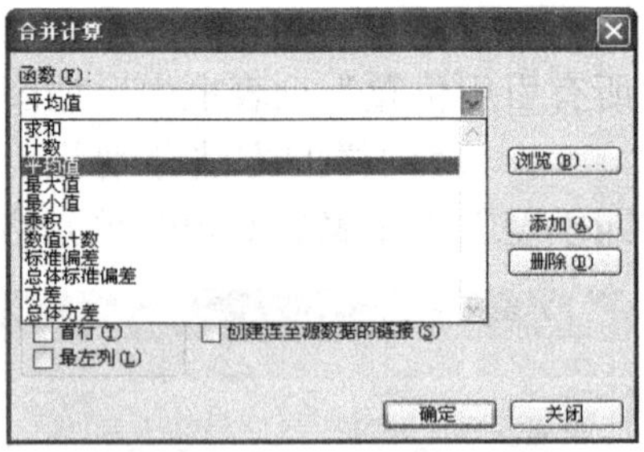

图 7-21　选择“平均值”函数

（2）进行与求和类似的操作，并将计算结果存放在“Sheet2”工作表中，最终结果如图 7-22 所示。

2009、2010年合计表

	A	B	C	D	E
1	2009、2010年度办公材料平均值表				
2	部门	传真纸	中性笔	复印纸	合计
3	财务部	228.75	22.75	225	476.5
4	行政部	241.5	29.5	211.25	482.25
5	人力资源部	168.125	28.125	267.5	463.75
6	技术部	222.875	43.75	320	586.625
7	销售部	322.5	22.125	223.75	568.375
8	平均值	236.75	29.25	249.5	515.5

Sheet1 Sheet2 Sheet3

图 7-22　合并计算求平均值的最终结果

3. 思考并回答以下问题

（1）如果要合并计算的数据位于不同工作表上的不同单元格中，该如何合并计算？

（2）当源数据改变时，Excel 该如何自动更新合并计算表？

任务小结

通过执行“数据”→“合并计算”命令，可以汇总一个或多个工作簿中的数据。本任务仅讲解了合并计算求和、合并计算求平均值的具体操作，在“合并计算”对话框中有多个函数，用户可以使用这些函数实现不同内容的跨工作簿的数据计算。

任务 3　规划求解

规划求解是一个功能强大的分析工具，可以解决方程组、线性规划及运筹学等领域的问题，在实际生活中常涉及很多优化问题，如求最小成本、最大利润、线性回归、非线性回归等，也都可以借助它来完成。

任务描述

小张在安排生产时遇到了这样一个问题：玩具厂生产电动小汽车的利润为 200 元，随着产量的提高，每多生产 100 台，单台利润增加 2 元；生产电动机器人的利润为 190 元，每多生产 100 台，单台利润增加 3 元。受原材料和人员、机器设备的限制，两种产品的产量均不能超过 4000 台，且两种产品的产量之和不能超过 7000 台，如何安排生产才能得到最大利润？

任务分析

小张面对的是一个数学计算问题，即计算产生最大利润时，两种产品的数量。Excel 2003 提供的规划求解功能是计算极值的有用工具，掌握它的使用方法可以方便地解决类似问题。为了全面了解规划求解功能，他决定把任务分解为以下过程：

加载规划求解；

应用规划求解；

进行规划求解；

建立运算结果报告。

任务操作

1．加载规划求解

（1）执行“工具”→“加载宏”命令，打开“加载宏”对话框，如图7-23所示。

（2）选中“规划求解”复选框，单击“确定”按钮，此时在“工具”菜单项中将显示“规划求解”命令，如图7-24所示。

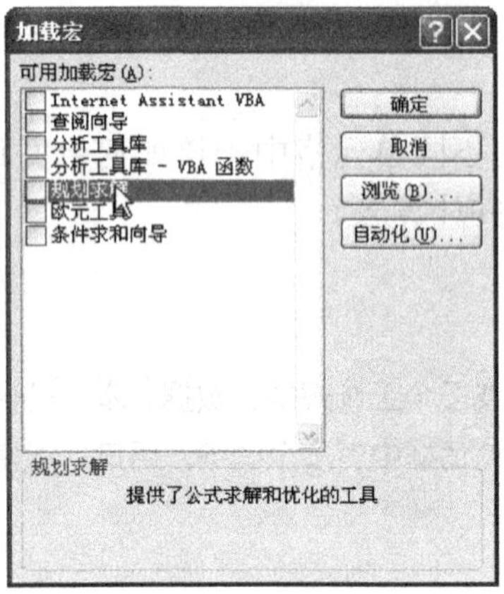

图7-23 “加载宏”对话框

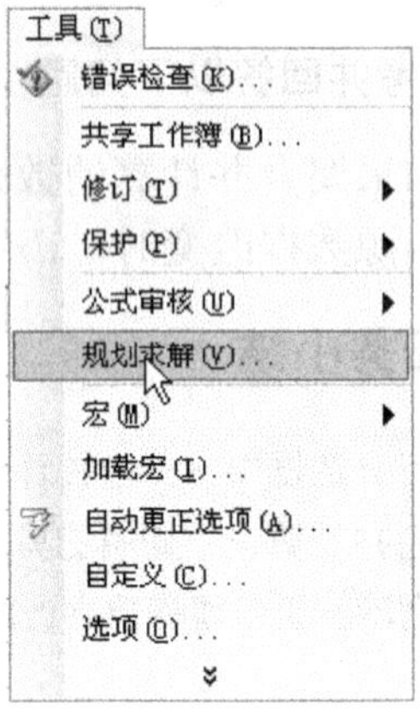

图7-24 显示“规划求解”命令

提示：由于安装Excel时一般不安装规划求解功能，因此需要在使用前进行加载，然后才能使用。

2．应用规划求解

（1）分析约束条件，根据玩具厂的实际情况，对前提条件进行整理，可以得到如下几个约束条件：

电动小汽车的产量<=4000台；

电动机器人的产量<=4000台；

电动小汽车的产量+电动机器人的产量<=7000台。

图7-25 建立工作表

（2）建立工作表，根据任务描述，建立如图7-25所示的工作表。

（3）输入公式，在单元格B6中设置“总产量”公式，总产量等于电动小汽车的产量和电动机器人的产量之和，输入公式“=B4+B5”后，按【Enter】键。在单元格B8中设置“总利润”公式，总利润等于电动小汽车的利润和电动机器人的利润之和，输入公式“=（200+B4/100*2）*B4+（190+B5/100*3）*B5”后，按【Enter】键。

3．进行规划求解

（1）执行“工具”→“规划求解”命令，打开“规划求解参数”对话框，如图7-26所示。

（2）在“设置目标单元格”文本框中，输入“$B$8”，表明总利润为规划求解的目标值。选中“最大值”单选按钮，在“可变单元格”文本框中，输入“$B$4:$B$5”，表明这两款玩具的产量是规划求解所要求取的变量值，设置的参数如图 7-27 所示。

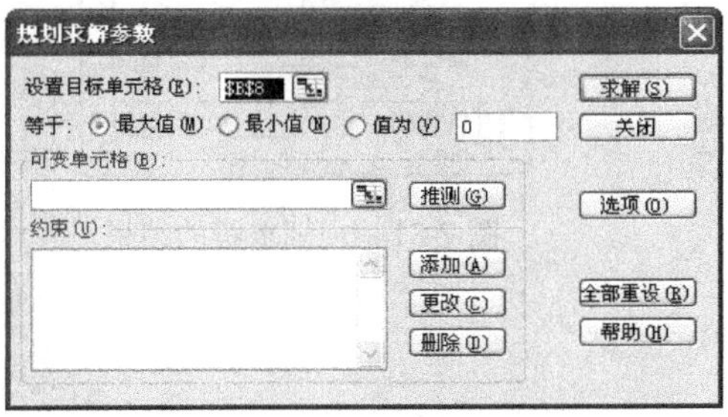

图 7-26　“规划求解参数”对话框

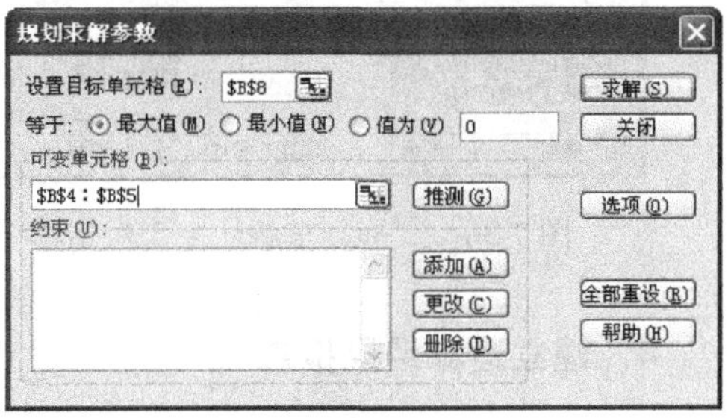

图 7-27　设置的参数

（3）单击“约束”选项中的“添加”按钮，打开“添加约束”对话框。在“单元格引用位置”文本框中输入“$B$4”，在右侧的符号下拉列表中选择“<=”选项，在“约束值”文本框中输入“4000”，如图 7-28 所示。

提示：在引用单元格和约束条件之间可以使用的关系有：“<=”、“=”、“>=”、“int”、“bin”。其中“int”和“bin”关系只能对“可变单元格”进行约束，“int”表示可变单元格的值为整数，“bin”表示可变单元格的值为二进制数。

（4）单击“添加”按钮，在“添加约束”对话框的“单元格引用位置”文本框中输入“$B$5”，在右侧的符号下拉列表中选择“<=”选项，在“约束值”文本框中输入“4000”。

（5）单击“添加”按钮，在“添加约束”对话框的“单元格引用位置”文本框中输入“$B$6”，在右侧的符号下拉列表中选择“<=”选项，在“约束值”文本框中输入“7000”。

（6）单击“确定”按钮，返回“规划求解参数”对话框，此时，在“约束”列表框中列出了所有的约束条件，如图 7-29 所示。

图 7-28　“添加约束”对话框

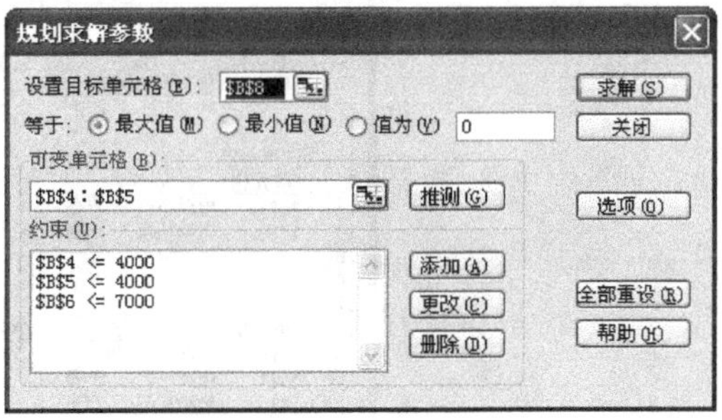

图 7-29　显示约束条件

提示：当约束条件发生变化时，需要对其进行修改或删除，此时可以在“规划求解参数”对话框的“约束”条件列表中选择约束条件，然后单击“更改”或“删除”按钮。

（7）单击“求解”按钮，打开“规划求解结果”对话框，如图 7-30 所示。

（8）选中“保存规划求解结果”单选按钮后单击“确定”按钮，工作表显示计算结果，如图 7-31 所示。

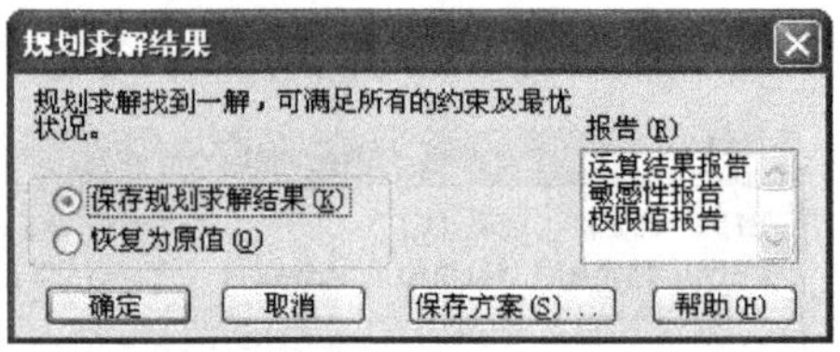

图 7-30 “规划求解结果”对话框

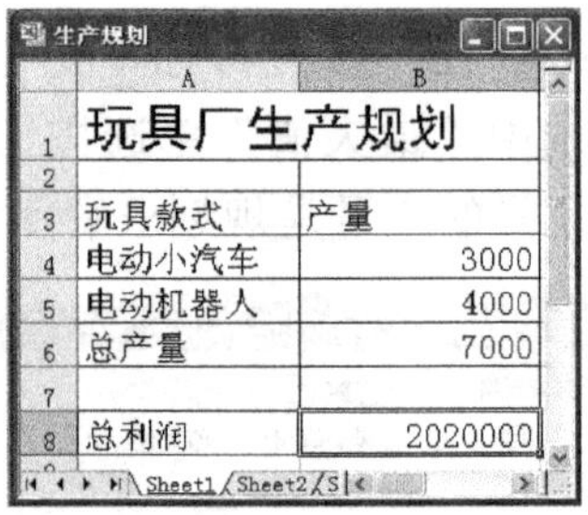

图 7-31 规划求解的结果

4．建立运算结果报告

（1）执行“工具”→“规划求解”命令，打开“规划求解参数”对话框。

（2）单击“求解”按钮，打开“规划求解结果”对话框。

（3）选中“报告”列表框中的“运算结果报告”选项，如图 7-32 所示。

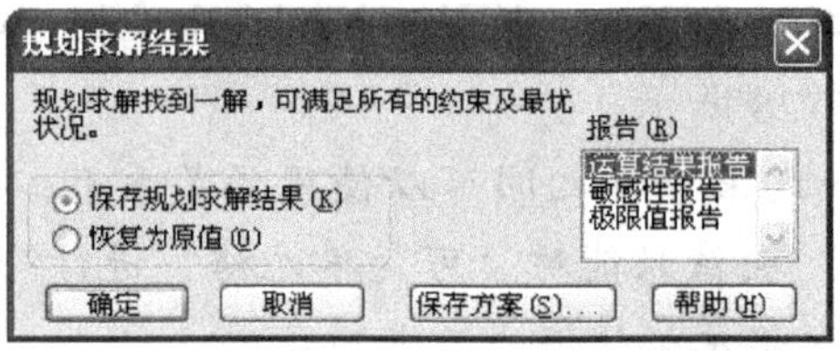

图 7-32 选择“运算结果报告”选项

（4）单击“确定”按钮，在工作簿中会生成一个“运算结果报告”工作表，如图 7-33 所示。

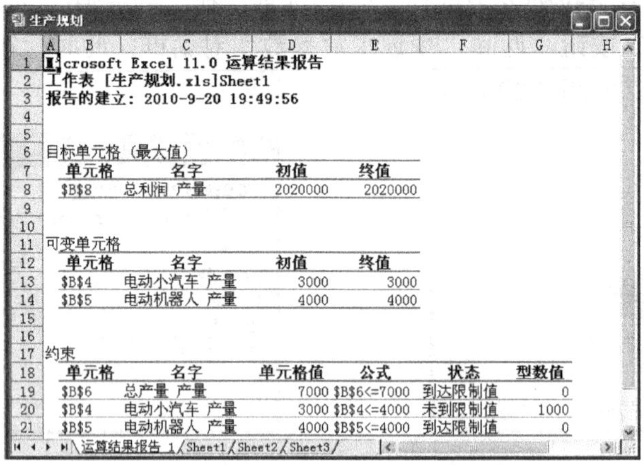

图 7-33 “运算结果报告”工作表

5．思考并回答以下问题

（1）如何设置规划求解结果的精度？

（2）选择“规划求解结果”对话框“报告”列表框中的“运算结果报告”选项，运算结果如何？

任务小结

通过执行“工具”→“加载宏”命令，可以加载 Excel 2003 没有安装的一些功能，“规划求解”通常就需要用户自己添加。借助规划求解所提供的相关功能，可以方便解决实际生活中的一些计算问题。本任务仅通过“玩具厂生产规划”任务，讲解了规划求解的应用过程，其目的是帮助用户认识规划求解的作用和操作，为解决以后可能遇到的极值计算问题奠定基础。

任务 4　使用宏

为了提高日常办公效率，对 Excel 中一些重复性的操作，可以通过录制并运行宏来完成。宏是一系列命令和函数的集合，存储于 Visual Basic 模块中，在需要执行该项任务时可以随时被运行。

任务描述

领导要求小张制作多张车辆使用情况表，该表能够在车辆管理者输入基本信息后，自动计算出驾驶员的补贴费用、使用者是否需要支付车辆的消耗费等。

任务分析

小张需要制作的多张表格是一张表格的副本，使用宏可以很好地解决问题。完成此项任务需要进行两个工作，即录制宏和使用宏，录制宏是集成操作的过程；使用宏是生成结果的过程。因此，任务操作被分解为以下过程：

录制宏；

使用宏；

修改宏。

任务操作

1. 录制宏

录制宏就是将操作过程记录并保存起来，以便以后重复使用，具体操作如下：

（1）执行“工具”→“宏”→“录制新宏”命令，打开“录制新宏”对话框，如图 7-34 所示。

（2）在“宏名”文本框中输入“车辆管理表”，将“快捷键”设置为【Ctrl+a】。

（3）单击“确定”按钮，显示“停止录制”工具栏，如图 7-35 所示。

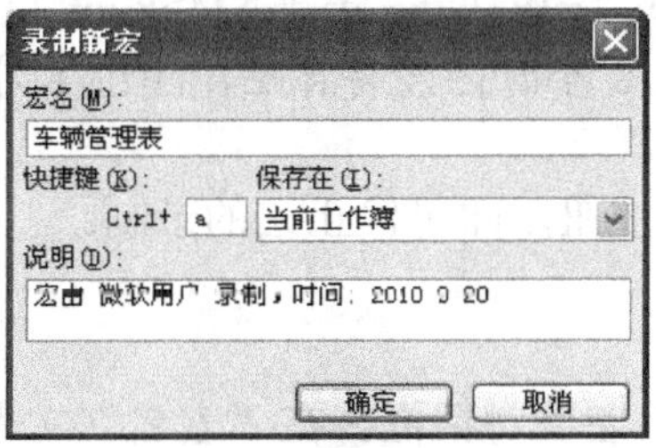

图 7-34　“录制新宏”对话框

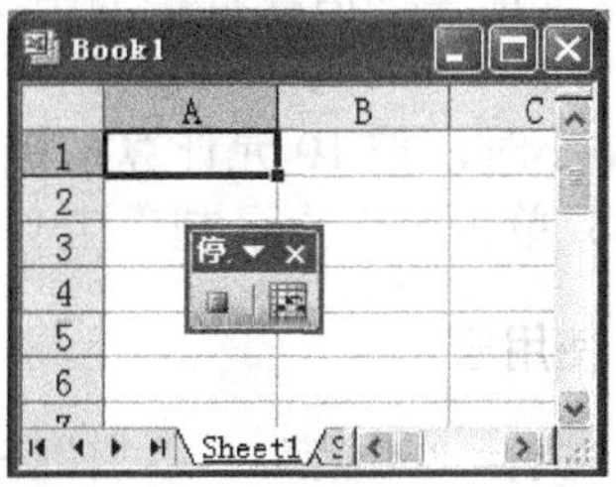

图 7-35　“停止录制”工具栏

（4）在工作表中输入如图 7-36 所示的文本内容。

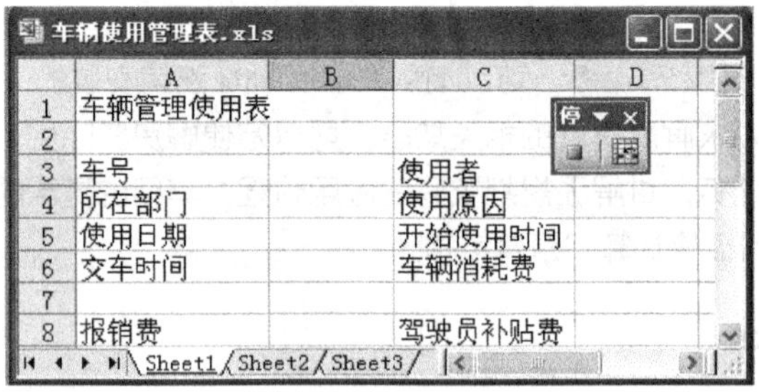

图 7-36　输入文本内容

（5）合并单元格 A1:D1、A2:D2 和 A7:D7，在 A1:D1 单元格区域中居中显示文本，设置字体为“黑体”，字号为“26”，颜色为“深青”，选择 A2:D8 单元格区域，设置字体为“楷体–GB2312”，字号为“18”。

（6）选择 D6、B8 和 D8 这 3 个单元格，在“单元格格式”对话框中选择“数字”选项卡，选中“分类”列表框中的“货币”选项，并设置“小数位数”为“0”、“货币符号（国家/地区）”为“￥”，如图 7-37 所示。

（7）选择 B5 单元格，将该单元格设置为“日期”格式，“类型”设置为“*2001-3-14”；选中 D5 和 B6 单元格，设置为“时间”格式，“类型”设置为“13：30”；选择 B3、D3 和 B4 单元格，设置为“文本”格式。

（8）选中 A1:D8 单元格区域，在“单元格格式”对话框的“边框”选项卡中设置单元格的边框，设置好的边框如图 7-38 所示。

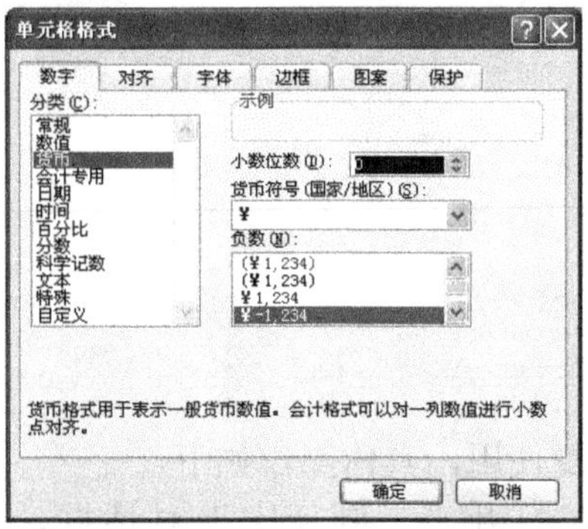

图 7-37　设置货币格式

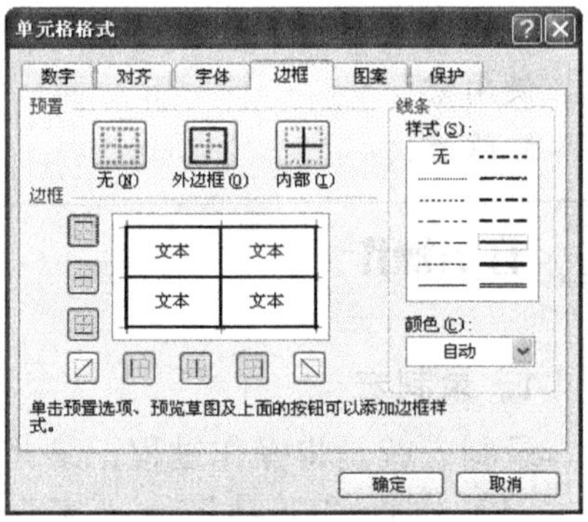

图 7-38　设置单元格边框

（9）选中 B8 单元格，输入公式“=IF（D4="公事",D6,0）”，计算车辆的报销费，原则是因公可以报销车辆消耗费；选中 D8 单元格，输入公式“=IF（（b6-d5）*24>8,int（（b6-d5）*24-8）*10,0）”，计算司机的出车补贴，计算原则是在 8 小时内没有补贴，超过 8 小时，则每超过 1 小时，按 10 元计算司机的出车补贴。

（10）单击“停止录制”工具栏上的“停止录制”按钮，即可停止宏的录制。

2．使用宏

（1）执行“工具”→“宏”→“宏”命令，打开“宏”对话框。在“宏名”文本框中输入或选择需要执行的宏，此例为“车辆管理表”，如图 7-39 所示。

（2）单击“执行”按钮，即可执行选择的宏，执行宏的结果如图 7-40 所示。

3. 修改宏

（1）执行“工具”→“宏”→“宏”命令，打开“宏”对话框，选择“宏名”为“车辆管理表”。

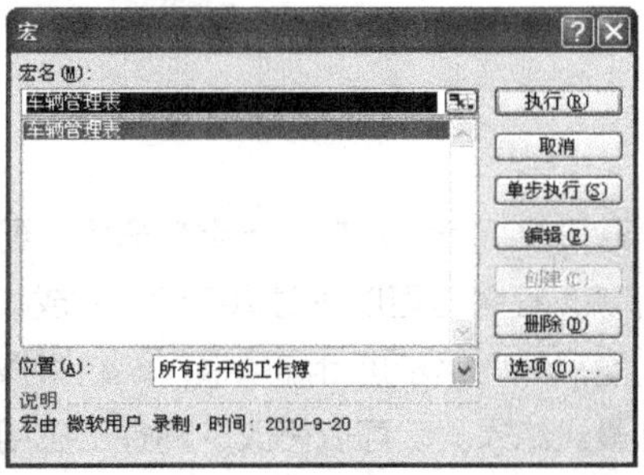

图 7-39 “宏”对话框

图 7-40 执行宏的结果

（2）单击“编辑”按钮，打开“车辆使用管理表.xls–模块 1（代码）”窗口，在代码窗口中可以看到用户已设置的各种信息的代码。

（3）将标题文字的字体改为“楷体–BG2312”，如图 7-41 所示。

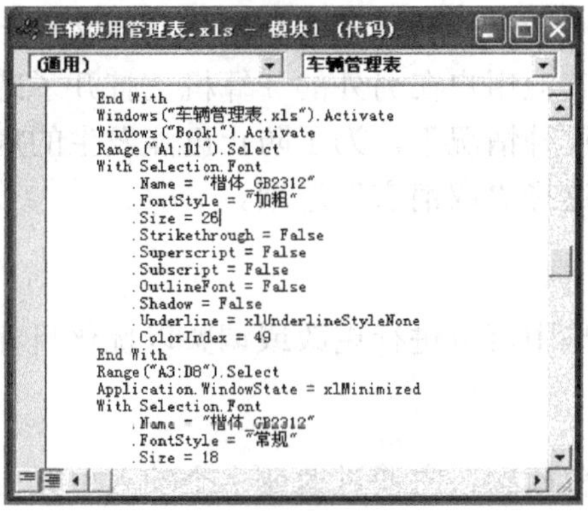

图 7-41 修改标题文字的字体

（4）单击工具栏上的“运行子过程/用户窗体”按钮，执行修改后的代码。

（5）执行“文件”→“关闭并返回到 Microsoft Excel”命令，返回工作表视图，此时可以看到修改宏代码后的结果，如图 7-42 所示。

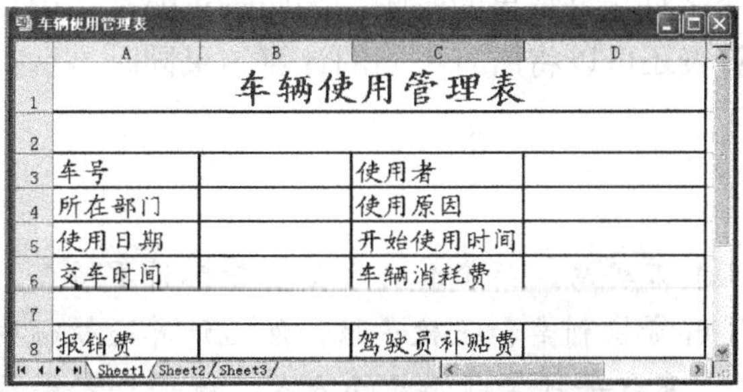

图 7-42 修改宏代码后的结果

提示：在“宏”对话框选择“宏名”列表中的“车辆管理表”，然后单击“删除”按钮，确认删除，即可删除宏。

4．思考并回答以下问题

（1）在 Excel 2003 中如何设置宏的安全性？使用宏可能带来什么安全问题？

（2）修改宏需要提前做好哪些基础准备？

任务小结

宏是解决重复操作导致工作效率低下这一问题的有用工具。通过执行“工具”→“宏”命令，可以将 Excel 中重复操作的某项任务录制下来，并命名存储，在需要执行该项任务时可以随时运行宏来完成。录制宏是使用宏的前提，使用宏是最终目的。录制宏需要启动录制功能，然后逐步进行编辑操作，结束操作后停止录制。执行宏后，计算机自动完成宏记录的操作过程，得到最终结果。宏可以修改的属性给应用带来了巨大的便利，因为录制好的宏若有某些瑕疵，只需部分修改而不需要重新录制。

知识链接

1．宏病毒

宏病毒是一种寄生在文档或模板宏中的计算机病毒，一旦打开这样的文档，其中的宏就会被执行，于是宏病毒就会被激活，转移到计算机的其他文件上。使所有自动保存的文档都会感染上这种宏病毒，如果其他用户在另外的计算机上打开了感染病毒的文档，宏病毒又会转移到另一台计算机上。在这种情况下，为了防止可能发生的病毒传染，在打开文档过程的中，若出现宏警告提示最好选择“取消宏”选项。

2．可变单元格

可变单元格是指电子表格中可以进行更改或调整以优化目标单元格的单元格。

3．规划求解

规划求解是数学中的优化问题，它通过改变多个输入单元格求出最优解，同时保证工作表中的其他公式保持在设置的极限内。

任务拓展　模拟运算表

Excel 模拟运算表工具是一种只需一步操作就能计算出所有变化的模拟分析工具。它可以显示公式中某些值的变化对计算结果的影响，为同时求解某一运算中所有可能的变化值组合提供了捷径。模拟运算表还可以将所有不同的计算结果同时显示在工作表中，便于用户查看和比较。

任务描述

小张想从银行贷款 90 万买房，商贷和公积金贷款哪种更适合，是他需要解决的问题。要弄清这个问题，需要了解贷款利率和还款年限，然后计算还款额度，即假设商贷年利率为 3.85%，还款期限 15 年，采取每月等额还款的方式，他每月需要还多少？总利息是多少？如果住房公积金贷款利率为 3.06%，每月还款额又是多少？

任务分析

小张遇到的问题可以使用 Excel 2003 的模拟运算表来解决，为了达到预期的目的，他决定把任务操作分解为以下过程：

计算还款数据；

使用模拟运算表；

将模拟运算表的结果保存为常量。

任务操作

1．计算还款数据

（1）建立一个新工作簿，并选择一张工作表，将住房贷款有关的基本数据输入该工作表，样式如图 7-43 所示。

（2）在单元格 B5 中输入公式“=PMT（B3/12，B4*12，–B2，0，0）”，使用财务函数 PMT 计算每月还款额。

（3）在单元格 B6 中输入总还款额的计算公式“=B5*B4*12”。

（4）在单元格 B7 中输入总利息的计算公式“=B6–B2”，计算结果如图 7-44 所示。

图 7-43　建立工作表

图 7-44　计算结果

提示：PMT 函数是年金函数，用于返回在固定利率下的等额分期偿还额，其函数的常用格式为：PMT（贷款利率，贷款的年限，贷款总额，0，0）。习惯上，贷款总额用负数来表示。

2．使用模拟运算表

（1）在单元格 A10 中输入公式“=PMT（B3/12，B4*12，–B2，0，0）”，输入完毕后按【Enter】键，在单元格 A10 中显示出计算结果。

（2）选中单元格区域 A10:C31，执行“数据”→“模拟运算表”命令，打开“模拟运算表”对话框，在“输入引用行的单元格”文本框中输入“$B$3”，在“输入引用列的单元格”文本框中输入“$B$4”，如图 7-45 所示。

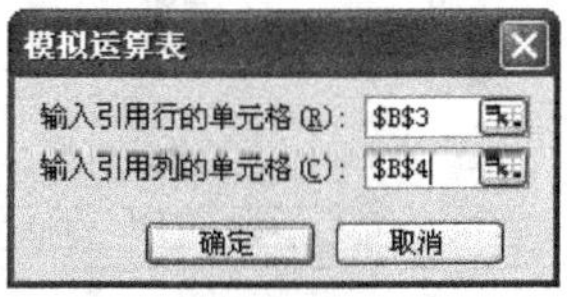

图 7-45　“模拟运算表”对话框

（3）单击“确定”按钮，即可得到在不同年限和不同利率下的月偿还额，运算结果如图 7-46 所示。

	A	B	C
8			
9	贷款金额	900000	元
10	￥6,589.74	3.85%	3.06%
11	10	9048.04	8715.42
12	11	8374.30	8038.54
13	12	7814.37	7475.45
14	13	7341.97	6999.87
15	14	6938.35	6593.05
16	15	6589.74	6241.24
17	16	6285.83	5934.12
18	17	6018.72	5663.80
19	18	5782.27	5424.16
20	19	5571.64	5210.33
21	20	5382.95	5018.45
22	21	5213.06	4845.39
23	22	5059.41	4688.56
24	23	4919.86	4545.86
25	24	4792.66	4415.52
26	25	4676.31	4296.04
27	26	4569.56	4186.18
28	27	4471.34	4084.87

图 7-46　运算结果

提示： 模拟运算表的计算结果以数组的形式存放，用户不能随便删除其中的一个或多个单元格的数据信息。如果想要清除模拟运算表，必须选中整个数据区域，然后清除整个模拟运算表或者所有的计算结果。

3．将模拟运算的结果保存为常量

（1）选中单元格区域 B11:C31，单击工具栏上的“复制”按钮。

（2）执行“编辑”→“选择性粘贴”命令，打开“选择性粘贴”对话框，选中“数值”单选按钮，如图 7-47 所示。

（3）单击“确定”按钮，返回工作表，此时用户可对工作表中的数据随意地进行操作。如图 7-48 所示是删除单元格 B14 中内容的显示结果。

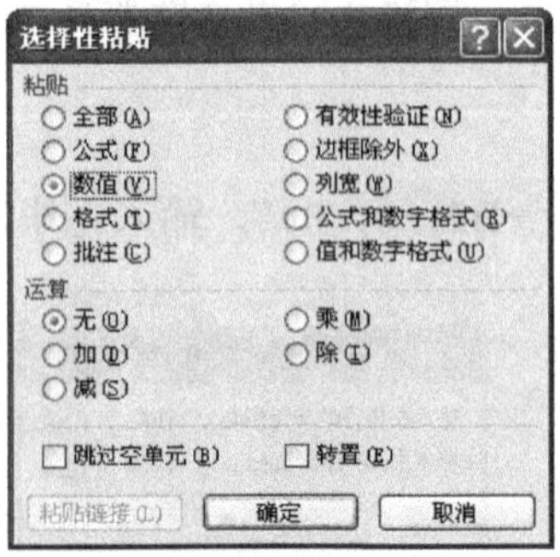

图 7-47　“选择性粘贴”对话框

	A	B	C
7	总利息	286,153.63	人民币
8			
9	贷款金额	900000	元
10	￥6,589.74	3.85%	3.06%
11	10	9048.04	8715.42
12	11	8374.30	8038.54
13	12	7814.37	7475.45
14	13		6999.87
15	14	6938.35	6593.05
16	15	6589.74	6241.24
17	16	6285.83	5934.12
18	17	6018.72	5663.80
19	18	5782.27	5424.16
20	19	5571.64	5210.33

图 7-48　删除单元格内容的显示结果

4．思考并回答以下问题

（1）在前面的任务中，每月还款额和几个因素有关？如何用一个数学表达式表述？

（2）在前面的任务中，为什么要在“模拟运算表”对话框的“输入引用行的单元格”文本框中输入“$B$3”？

任务小结

通过执行“数据”→“模拟运算表”命令，可以同进度求解一个运算过程中所有可能的变化值，并将不同的计算结果显示在相应的单元格中。本任务通过“住房贷款的还款分析”表，详细地讲解了如何计算还款数据、如何使用模拟运算表、如何将模拟运算表的结果保存为常量等内容。

模拟运算表有两种不同的类型，即单输入模拟运算表和双输入模拟运算表。在单输入模拟运算表中，用户可以对一个变量输入不同的值从而查看它对一个或多个公式的影响。在双输入模拟运算表中，用户可以对两个变量输入不同值，查看两个变量对一个公式的影响。其中，本任务使用的是双输入模拟运算表。

本章小结

掌握本章的学习内容，需要完成4个任务，即共享工作簿、跨工作簿计算、规划求解和使用宏。共享工作簿可以使多个用户同时在单个工作簿上进行工作；跨工作簿计算则可以对多个工作簿中的数据进行处理，进而提高工作效率；规划求解则用来解决复杂的方程求值等问题；使用宏则可以简化用户的重复性工作。

习题7

1．选择题

（1）设置网络共享，必须设置的内容有__________。

A．在网络上共享这个文件夹　　B．在网络上共享工作簿

C．允许网络用户更改我的文件　　D．不允许网络用户更改文件

（2）规划求解将创建3种报告，下列选项中不属于报告范围的是_____________。

A．极限值报告　　B．分析值报告

C．运算结果报告　　D．敏感性报告

（3）若要应用规划求解，首先应在“__________”菜单项中找到规划求解。

A．数据　　B．公式　　C．插入　　D．工具

（4）若发现使用宏创建工作表的字体、字形、字号不满足需要，最好的解决方法是_______。

A．重建工作表　　B．修改字体、字形、字号

C．修改宏　　D．重新执行宏

（5）Excel提供的模拟运算表位于“__________”菜单项中。

A．数据　　B．公式　　C．插入　　D．工具

（6）共享文件簿命令位于“__________”菜单项中。

A．数据　　B．公式　　C．插入　　D．工具

2．判断题

（1）宏病毒是一种寄生在文档或模板宏中的计算机病毒。　（　）

（2）在引用单元格和约束条件之间设置的关系中，“bin”表示可变单元格的值为整数。　（　）

（3）用户可以对模拟运算表中的计算结果进行操作。　（　）

（4）在“合并计算”对话框中，需要将被引用的单元格位置输入到“引用位置”文本框。　（　）

（5）合并计算的两个工作表必须有相同的表格格式。　（　）

（6）关闭宏功能可以避免宏病毒扩散。　（　）

3．操作题

（1）制作一个购房贷款计算器，当贷款为 60 万元，年利率为 5.8%时，计算不同年限的月偿还钱数？

（2）某单位生产混合饲料，规定各种营养成分为蛋白质至少有 15%，脂肪至少含有 4.5%，淀粉至少含有 30%，纤维素不得超过 10%。

所用原料有四种：甲原料，每吨单价 500 元，4 种营养成分含量分别为 25%、2%、10%、2%；乙原料，每吨单价为 50 元，4 种营养成分的含量分别为 8%、1%、5%、40%；丙原料，每吨单价 350 元，4 种营养成分的含量分别为 20%、8%、1%、0.5%；丁原料，每吨单价为 450 元，4 种营养成分的含量分别为 7%、5%、40%、6%。

求在符合饲料营养成分要求的前提下，如何配制这 4 种原料才能使饲料配制的费用最低？

第 8 章　安全使用电子表格

提高文档编辑效率是计算机用户普遍关心的问题，而它的基础是安全性，离开安全保障的应用是不可靠的，也不是真正的应用高效率。Excel 2003 在应用安全性方面下了不少工夫，提供了许多具有针对性的功能。用户可以在编辑文档时，对工作表和表中数据的安全性进行设置，也可以对工作簿进行必要的保护。

任务 1　保护工作表和工作簿

为了保证工作表和工作簿中数据的安全性，特别是重要数据的安全性，应该为工作表和工作簿设置相应的保护措施。Excel 2003 提供了多种数据保护功能，能够保护工作簿、工作表和单元格中的数据。

任务描述

小张是教务管理人员，负责学生成绩的统计汇总工作。为了保证工作的严肃性，他制作了如样例 8-1 所示的 Excel 表，并规定艺术课的老师只能在 D3:D8 的单元格区域中输入、修改成绩，不允许其他人修改工作簿的内容和结构。在任课教师录入成绩后，他再根据文化课占 40%、艺术课占 60%的比例，计算出每个同学的总分。总分的计算公式及计算出来的总分值，不希望在工作表中显示。

样例 8-1:

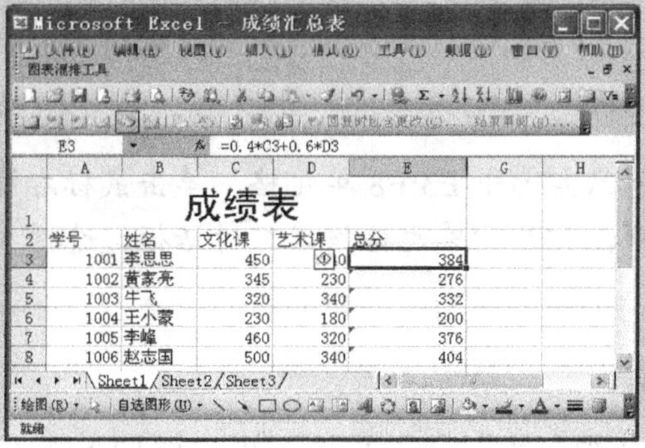

任务分析

完成规定任务需要设置使用权限，小张既要给出艺术课教师的表格使用范围，也要限制其他工作人员随意修改工作表，更要设置数据隐藏、公式隐藏、工作表隐藏，以保证表格内容的隐秘性。因此，任务操作可以被分解为以下过程：

隐藏重要数据；
设置用户编辑区域；
隐藏公式；
隐藏工作表；
保护工作表；
保护工作簿。

任务操作

1．隐藏重要数据

（1）打开“成绩汇总表”工作簿，在工作表中选中 E3:E8 单元格区域。

（2）单击鼠标右键，在弹出的快捷菜单中选择“设置单元格格式”选项，打开“单元格格式”对话框，如图 8-1 所示。

（3）选择“数字”选项卡，选择“分类”下拉列表中的“自定义”选项。

（4）在“类型”文本框中输入“;;;”，单击“确定”按钮，选中单元格中的数字被隐藏，如图 8-2 所示。

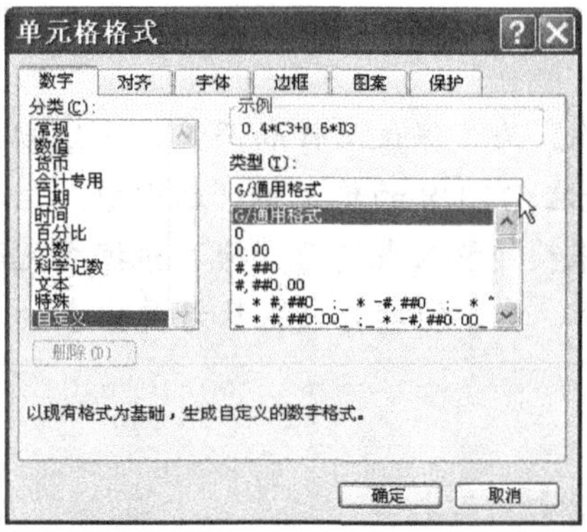

图 8-1 “单元格格式”对话框

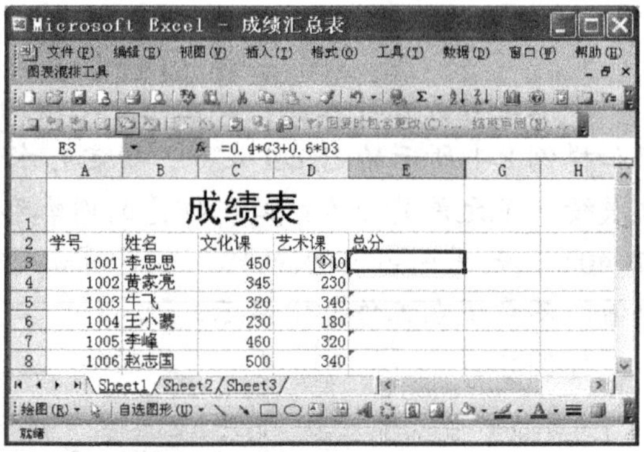

图 8-2 隐藏总分数值的工作表

提示：取消总分隐藏，只需选中 E3:E8 单元格，单击鼠标右键，在弹出的快捷菜单中选择“设置单元格格式”选项，打开“单元格格式”对话框，选择“数字”选项卡“分类”列表中的“常规”选项。

2．设置用户编辑区域

（1）执行“工具”→“保护”→“允许用户编辑区域”命令，打开“允许用户编辑区域”对话框，如图 8-3 所示。

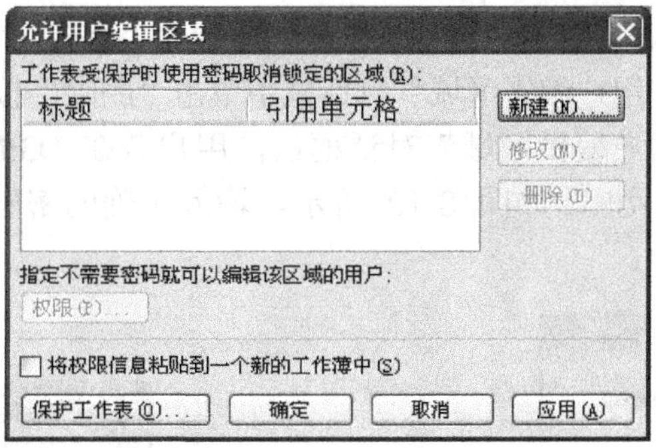

图 8-3　“允许用户编辑区域”对话框

（2）单击“新建”按钮，打开“新区域”对话框，如图 8-4 所示。

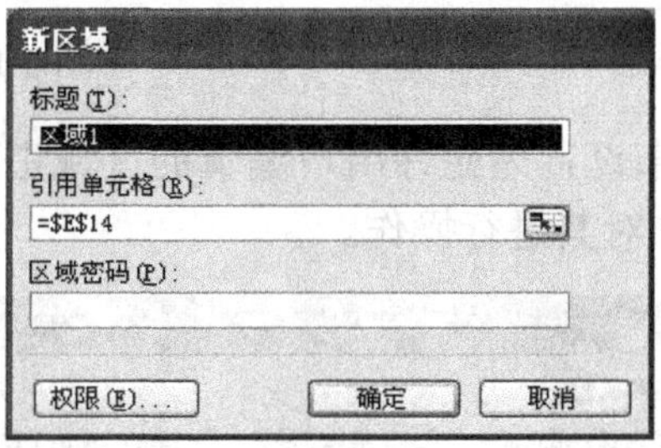

图 8-4　“新区域”对话框

（3）在“标题”文本框中输入“艺术课成绩”。

（4）单击“引用单元格”文本框后的“折叠对话框”按钮，打开“新区域”文本输入选择框，如图 8-5 所示。

（5）选中工作表中的 D3:D8 单元格区域，在“新区域”文本框中会出现如图 8-6 所示的内容，单击“折叠”按钮，返回“新区域”对话框。

图 8-5　“新区域”文本输入选择框

图 8-6　选定区域

（6）在“区域密码”文本框中输入密码。

（7）单击“确定”按钮，打开“确认密码”对话框，如图 8-7 所示。

（8）再次输入确认密码，单击“确定”按钮，显示使用密码解除的锁定区域，如图 8-8 所示。

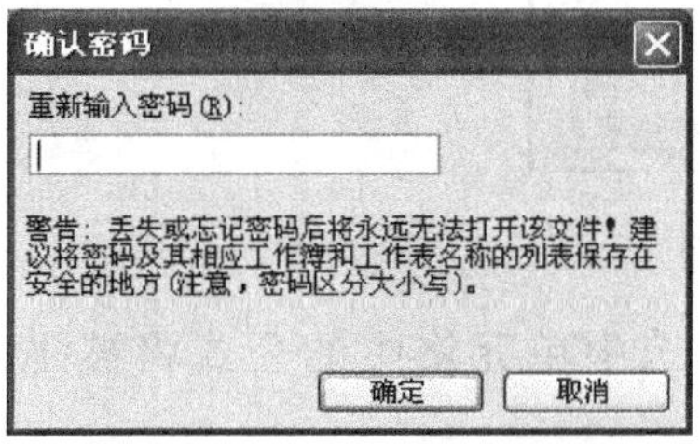

图 8-7　“确认密码”对话框

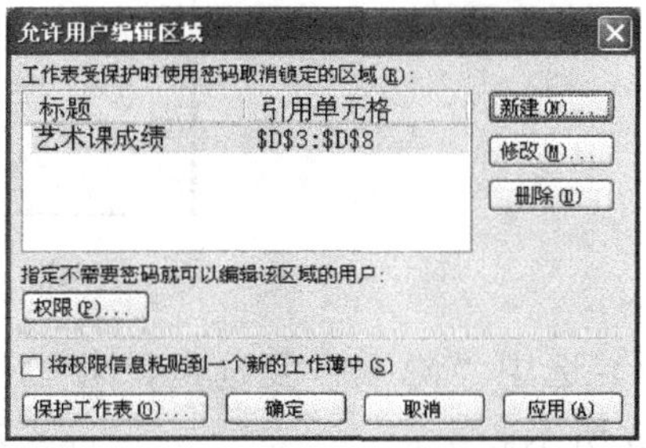

图 8-8　使用密码解除的锁定区域

（9）当用户单击“修改”按钮，打开如图 8-9 所示的“修改区域”对话框后，可以重新指定允许编辑区域。在“允许用户编辑区域”对话框中单击“删除”按钮，则取消前面的操作。

（10）设置好“允许用户编辑区域”对话框后，用户若在 D3:D8 区域进行编辑操作，会出现“取消锁定区域”对话框，如图 8-10 所示。输入正确的密码后，用户才可以在指定的区域内进行编辑操作。

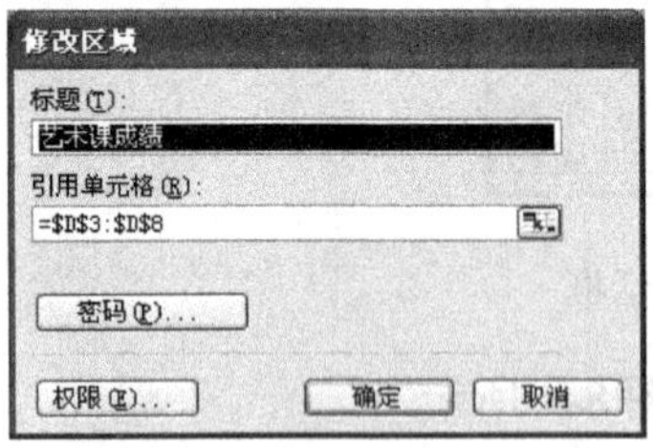

图 8-9 “修改区域”对话框

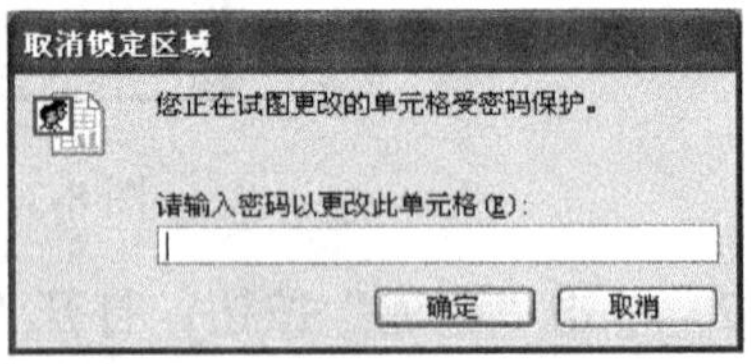

图 8-10 “取消锁定区域”对话框

（11）当用户试图对其他未设置为允许用户编辑的区域进行操作时，会显示提示信息，如图 8-11 所示，提示用户无法对其进行操作。

图 8-11 提示信息

3．隐藏公式

（1）选中 E3:E8 单元格区域。

（2）执行“格式”→“单元格”命令，打开“单元格格式”对话框，选择“保护”选项卡，如图 8-12 所示。

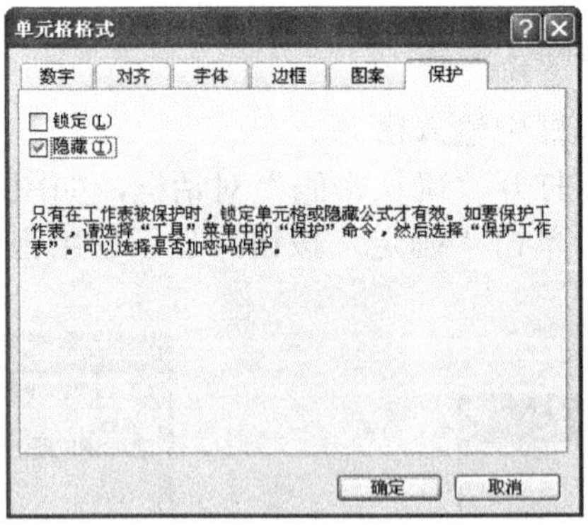

图 8-12 “保护”选项卡

（3）选中“隐藏”复选框，若工作表已被保护，选中单元格中的公式将被隐藏，如图 8-13 所示。

提示：取消公式隐藏，只需要取消对工作表的保护即可。

4．隐藏工作表

（1）执行“工具”→“选项”命令，打开“选项”对话框，选择“视图”选项卡，取消对“窗口选项”中的“工作表标签”复选框的选择，如图 8-14 所示。

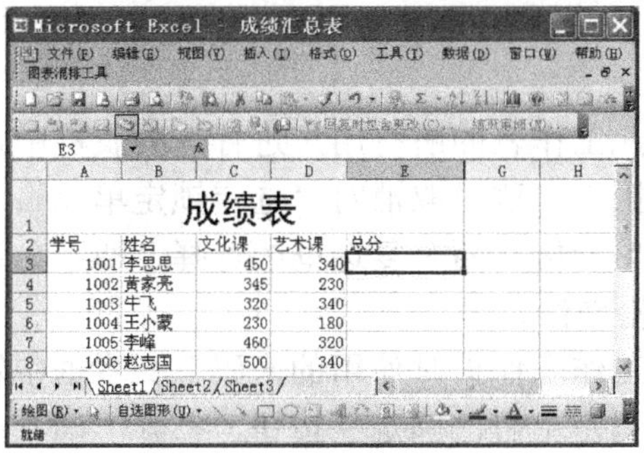

图 8-13　隐藏公式

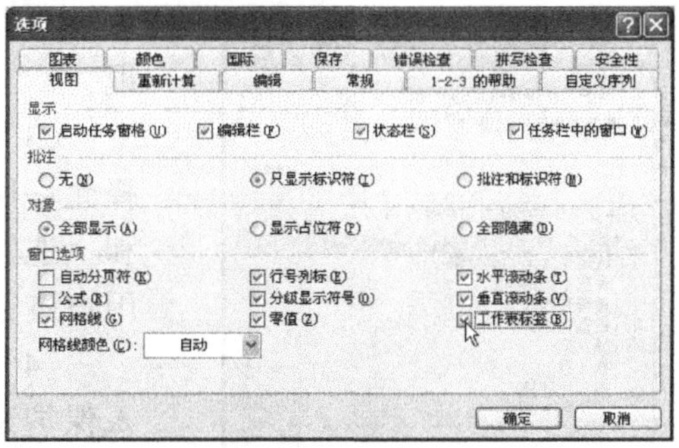

图 8-14　“视图”选项卡

（2）单击“确定”按钮，此时工作表中的标签被全部隐藏，被隐藏标签的 Excel 表如图 8-15 所示。

（3）执行“格式”→“工作表”→“隐藏”命令，工作簿中的工作表被隐藏起来，隐藏工作表后的窗口如图 8-16 所示。

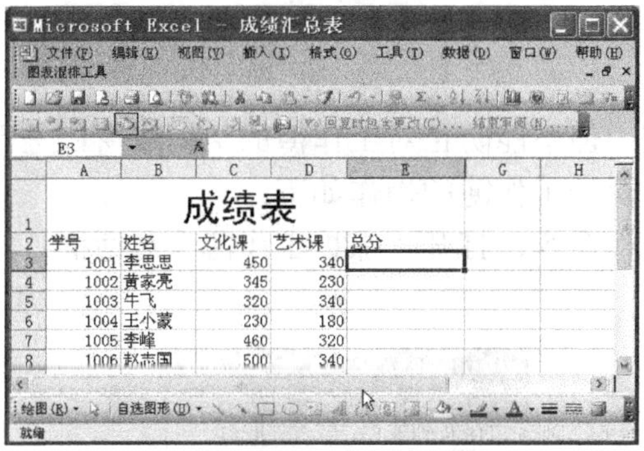

图 8-15　被隐藏标签的 Excel 表

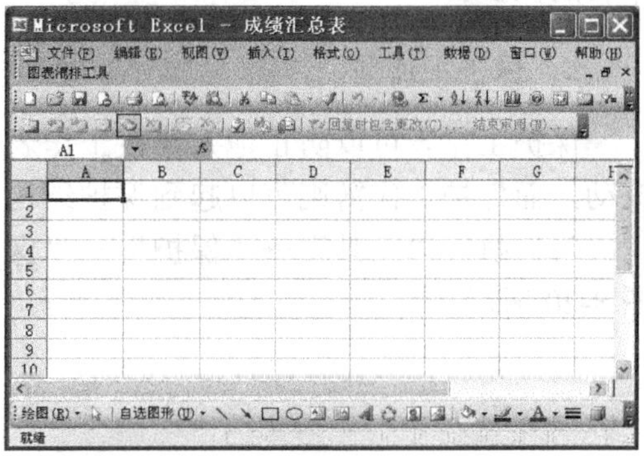

图 8-16　隐藏工作表后的窗口

（4）执行“格式”→“工作表”→“取消隐藏”命令，打开“取消隐藏”对话框，如图 8-17 所示。

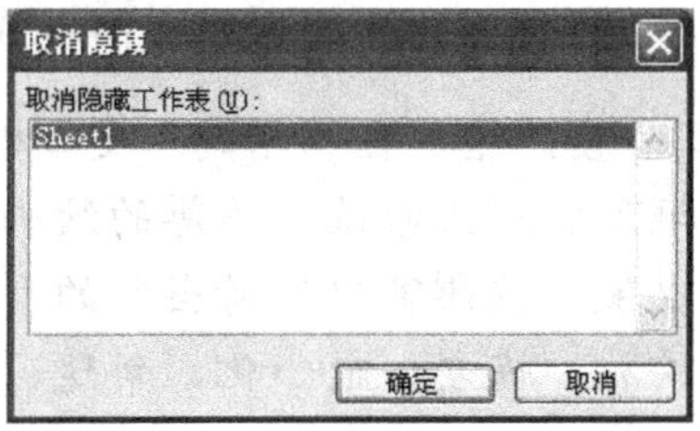

图 8-17　“取消隐藏”对话框

（5）在“取消隐藏工作表”列表框中选中取消隐藏的工作表，单击“确定”按钮，可显示隐藏的工作表。

5. 保护工作表

（1）执行“工具”→“保护”→“保护工作表”命令，打开“保护工作表”对话框，如图 8-18 所示。

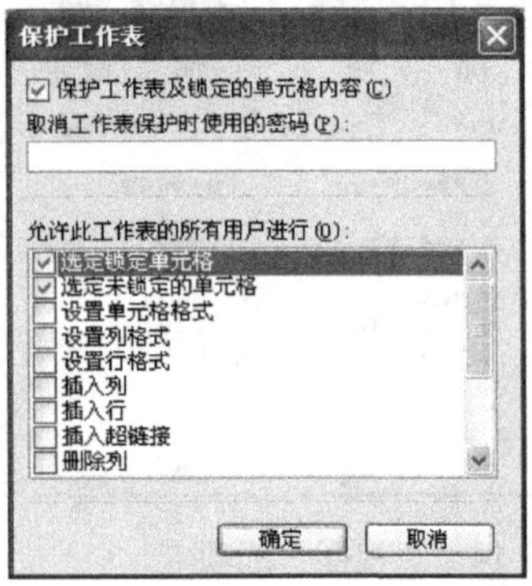

图 8-18　“保护工作表”对话框

（2）选中“保护工作表及锁定的单元格内容”复选框。

（3）在“允许此工作表的所有用户进行”列表框中选择允许用户进行的操作，这里取消对“选定锁定单元格”和“选定未锁定的单元格”两个复选框的选择，即不允许用户进行选中单元格操作。

（4）在“取消工作表保护时使用的密码”文本框中输入保护工作表的密码，单击“确定”按钮，打开“确认密码”对话框。

（5）再次输入保护工作表的密码，单击“确定”按钮，返回工作簿。

（6）执行“工具”→“保护”→“撤销工作表保护”命令，打开“撤销工作表保护”对话框，如图 8-19 所示。在“密码”文本框中输入保护密码，单击“确定”按钮将撤销对工作表的保护。

6. 保护工作簿

保护工作表可以防止他人修改工作表中的数据，但不能防止对工作簿的结构或窗口进行改动，而保护工作簿则可以起到保护结构的作用。保护工作簿的操作如下：

（1）执行“工具”→“保护”→“保护工作簿”命令，打开“保护工作簿”对话框，如图 8-20 所示。

图 8-19　“撤销工作表保护”对话框

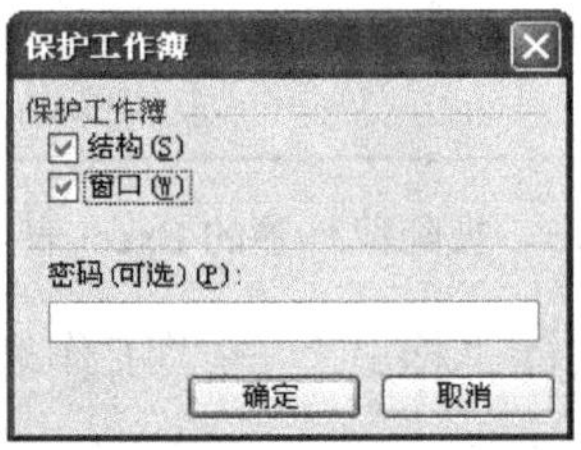

图 8-20　“保护工作簿”对话框

（2）选中“结构”和“窗口”复选框，在“密码”文本框中输入保护密码。

提示：选中“结构”复选框可以防止修改工作簿的结构，如插入工作表、删除工作表等；选中“窗口”复选框则可以使工作簿窗口保持当前的形式，窗口控制按钮变为隐藏，并且多数窗口功能，如移动、缩放、恢复、最小化、新建、关闭、拆分和冻结窗格将不起作用。

（3）单击“确定”按钮，打开“确认密码”对话框，再次输入密码后单击“确定”按钮，返回工作簿。

（4）设置保护工作簿的窗口后，窗口控制按钮被隐藏，并且多数窗口功能不起作用，被保护后的工作簿效果如图 8-21 所示。

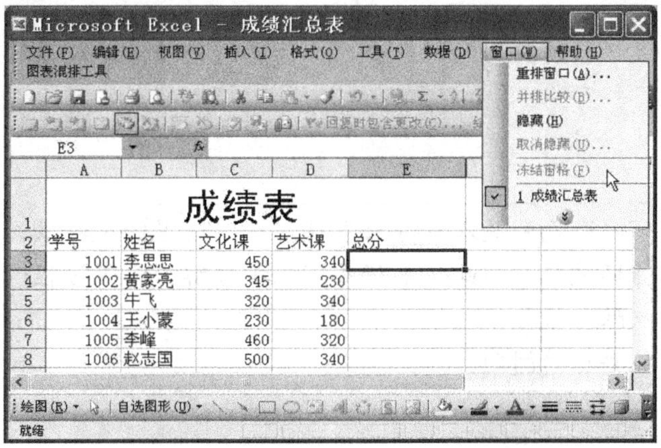

图 8-21　被保护后的工作簿窗口效果

（5）执行“工具”→“保护”→“撤销工作簿保护”命令，打开“撤销工作簿保护”对话框，如图 8-22 所示。在“密码”文本框中输入密码，单击“确定”按钮，将撤销对工作簿的保护。

图 8-22　“撤销工作簿保护”对话框

7．思考并回答以下问题

（1）小张的任务应以什么样的顺序完成？请给出详细的设置操作过程。

（2）工作表保护和工作簿保护有什么不同的地方？分别适用于什么场合？

任务小结

在日常工作中，重要的工作簿、工作表、数据必须加以保护，设置保护有可能是信息安全的需要，也有可能是应用安全的需要。本任务讲解了保护工作表和工作簿的操作过程，隐藏单元格中数据、公式的操作方法，也讲解了撤销保护的操作内容，掌握相关内容是安全应用电子表格的基础。

通过执行“工具”→“保护”→“允许用户编辑区域”命令，可以设置用户编辑区域，限制用户的使用范围。设置用户权限和应用范围，若能和网络应用相结合，不失为一个保证电子表格应用安全的好办法。

任务 2　设置打开、修改权限

共享是许多应用环境中对文件的基本要求，如果用户有一个工作簿必须与其他人共享，但是又不希望其他人对该工作簿做出任何修改，就必须设置权限。

任务描述

小张处理的各科成绩必须要面向师生公开，为了避免随意修改成绩，他对表格的打开、修改权限进行了设置。

任务分析

设置打开权限，可以避免无关人员查看表格内容；设置修改权限，可以限制随意修改数据，两者处在一个操作环境中。因此，本任务可以被分解为以下过程：

设置打开、修放权限；

分析权限设置可能存在的问题。

任务操作

1. 设置打开、修改权限

（1）打开需要设置应用权限的工作簿。

（2）执行“工具”→“选项”命令，打开“选项”对话框，选择“安全性”选项卡，如图 8-23 所示。

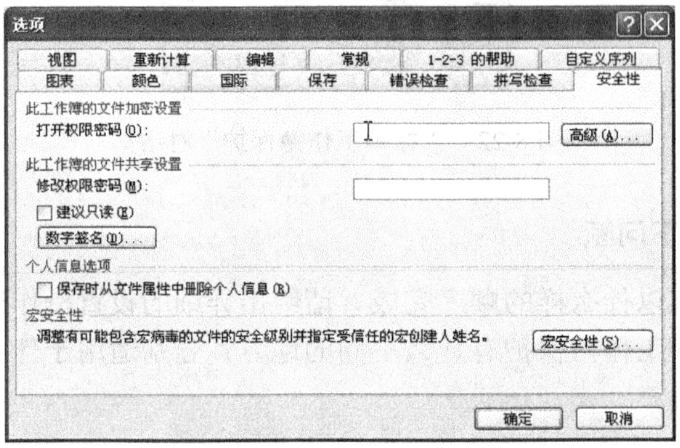

图 8-23 “安全性”选项卡

（3）在“打开权限密码”文本框中输入密码，密码可以由 15 个字符组成，可以是字母、数字、符号、空格。

（4）在“此工作簿的文件共享设置”选项的“修改权限密码”文本框中，输入修改工作簿的密码，然后选中“建议只读”复选框。

（5）单击“确定”按钮，打开“确认密码”对话框，如图 8-24 所示，在“重新输入密码”文本框中再次输入打开权限密码。

（6）单击“确定”按钮，打开“确认密码”对话框，在“重新输入修改权限密码”文本框中输入修改工作簿的密码，如图 8-25 所示。

（7）单击“确定”按钮，返回工作簿。

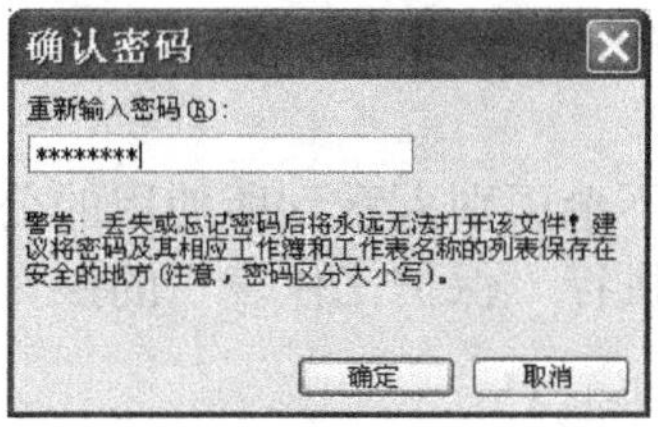

图 8-24　“确认密码”对话框

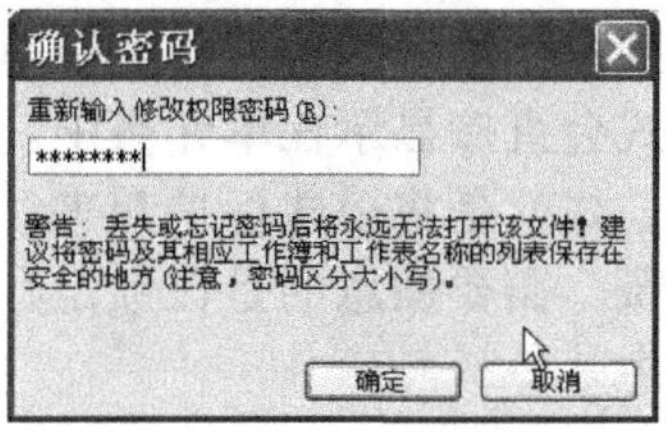

图 8-25　重新输入修改权限密码

（8）再次打开设置过“打开权限”的工作簿时，将打开“密码”对话框，如图 8-26 所示。

（9）在“密码”文本框中输入正确的打开密码，单击“确定”按钮，打开修改权限“密码”对话框，如图 8-27 所示。

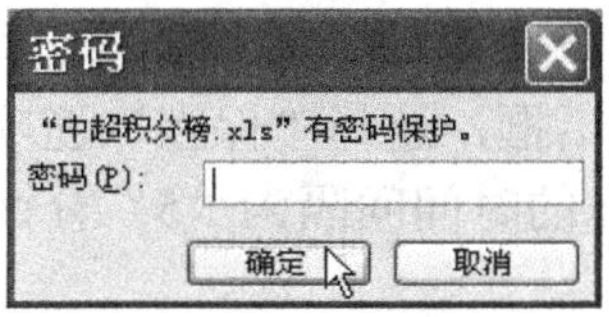

图 8-26　“密码”对话框

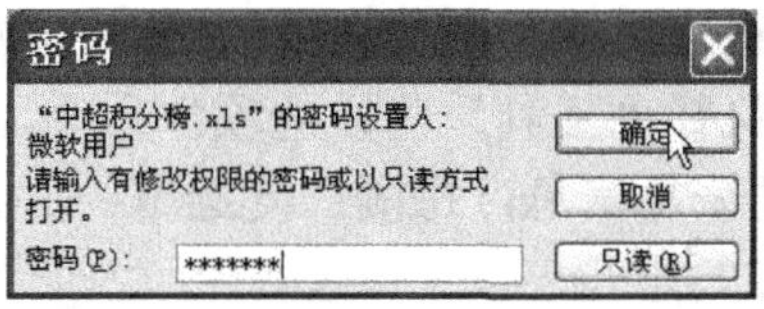

图 8-27　修改权限“密码”对话框

（10）此时用户可以单击“只读”按钮，以只读方式打开工作簿，也可以输入前面设置的修改权限密码打开工作簿，以输入密码的方式打开，单击“确定”按钮后会显示提示信息，如图 8-28 所示，再次提示用户是否以只读方式打开工作簿。如果以只读方式打开，则在保存工作簿时必须另存，而不能修改原有工作簿的内容；如果以密码方式打开工作簿，用户不仅可以查看工作簿中的数据信息，还可以修改其中的数据内容。

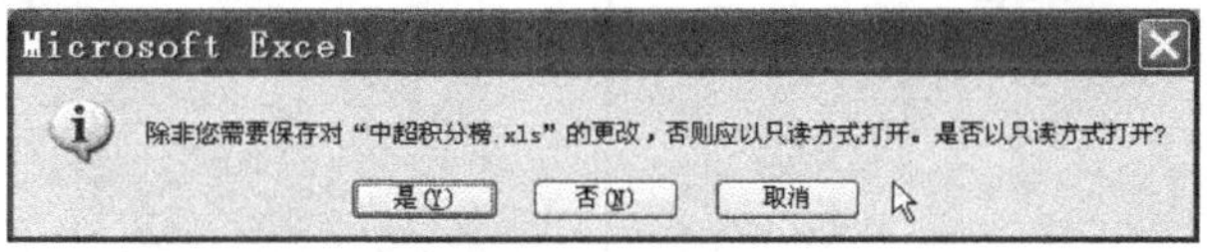

图 8-28　提示信息

提示： 撤销工作簿的密码设置，可在“选项”对话框的“安全性”选项卡中删除“打开权限密码”和“修改权限密码”两个文本框的内容，即设置为空。

2．思考并回答以下问题

（1）在 Excel 2003 中有哪些权限设置操作？使用权限保护安全存在哪些问题？

（2）如何提高设置密码的安全性？

任务小结

通过执行“工具”→“选项”命令，可以设定工作簿的打开权限，也可以防止他人打开并修改一个包含有重要数据的工作簿。但是，仅靠简单设置的安全保护手段，很难达到高层次的应用安全水平，若附加数字签名功能安全性则可以进一步提高。

知识链接

1．公式的显示、锁定和隐藏

在默认情况下，Excel 只在单元格中显示公式的计算结果，而不是计算公式。为了在工作表中看到实际隐含的公式，可以单击含有公式的单元格，在编辑栏中显示，或者双击该单元格，公式会直接显示在单元格中。

锁定公式就是将公式保护起来，防止别人修改。若不希望别人看到所使用的公式，可以将公式隐藏。需要注意的是在锁定、隐藏公式后，必须执行“保护工作表”的操作才能使锁定、隐藏生效。

2. 文本恢复

在编辑文档时最怕系统出现故障，由此可能造成信息丢失，最简单的解决方法就是在编辑文档时不断地保存文档，如果忘记保存或保存时间间隔太久，依然存在大量信息丢失的风险。在 Excel 中有为文本恢复而准备的数据保存功能，有效地利用它可以减小数据信息丢失的风险。设置文本自动保存时间间隔的操作如下：

（1）执行“工具”→“选项”命令，打开“选项”对话框，选择“保存”选项卡，选中“保存自动恢复信息，每隔”复选框，并设置保存恢复信息的时间间隔为“5”分钟，设置操作如图 8-29 所示。

（2）单击“确定”按钮，系统会每隔 5 分钟自动保存文档。

（3）当系统工作异常，出现编辑中断后，下一次进入编辑窗口会自动打开“文档恢复”窗格，如图 8-30 所示。

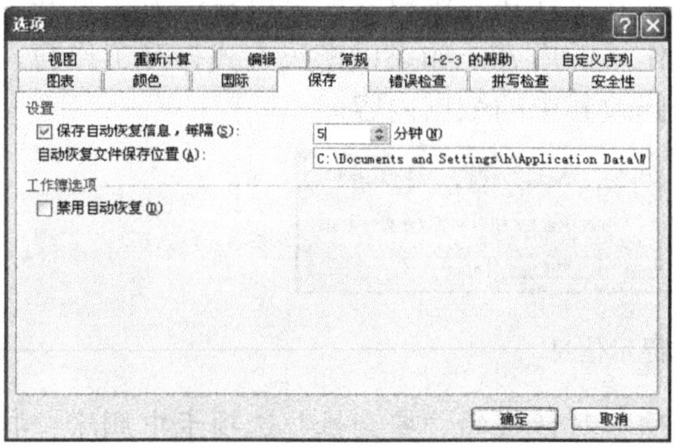

图 8-29　设置自动保存时间间隔

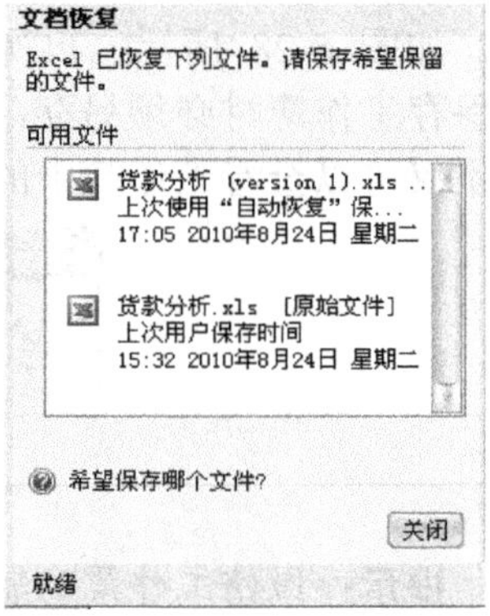

图 8-30　“文档恢复”窗格

（4）选中保存的文件，可以将文件恢复到中断前系统自动保存的状态。

任务拓展　修复损坏文档

编辑完成的文档丢失、被损坏，不但降低工作效率，也可能带来很大的损失。在这种情况下，用户可以使用 Excel 中提供的文档修复功能修复损坏文档。

任务描述

创新公司准备承接一个大的工程项目，小张负责其中的预算工作，他一连熬了几天总算做出一个比较满意的方案，可就在项目预算方案审查前，记录工程预算方案的 Excel 文档却不能正常打开，他心急如焚，请教了很多高手，希望能解决这一棘手的问题，有人提示他使用 Excel 本身提供的文档修复功能。

任务分析

文件打开失败的原因很多，文件本身损坏是导致打开失败的主要原因，Office 系统提供了文件打开修复功能，用于帮助用户应对文件被损坏的问题。因此，本任务被分解为以下过程：

修复损坏文档；

分析修复功能存在的问题。

任务操作

1. 修复损坏文档

（1）执行“文件”→“打开”命令，打开“打开”对话框，如图 8-31 所示。

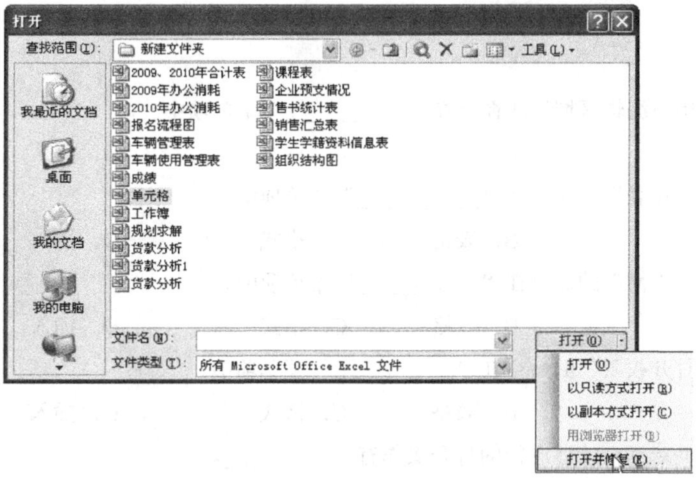

图 8-31　“打开”对话框

（2）选择需要打开并修复的文档。

（3）单击“打开”按钮的下拉箭头，选择下拉列表中的“打开并修复”选项。

2. 思考并回答以下问题

（1）Excel 本身的修复功能可能存在哪些局限性？

（2）在计算机文件出现故障时，应该使用哪些应对方法？

任务小结

文件出现故障导致打开失败是计算机用户经常面临的问题，Excel 本身的修复功能仅能够应对简单故障。对于 Excel 自身修复功能不能应对的故障，必须考虑借助于专门的修复工具，某些专用工具甚至可以恢复格式化后丢失的文件。

本章小结

为了防止工作表内容被别人随意地更改或删除，Excel 2003 提供了许多保护功能，可以为工作簿、工作表及单元格分别设定保护。保护工作表是为了不让单元格的内容被未授权的人轻易修改，保护工作簿是保护工作簿的结构和窗口，但工作表的内容依然可以修改。单元格都预设“锁定”保护，当启动保护工作表时，单元格就会被保护起来。Excel 允许选定范围，取消对某些单元格的保护，让用户在保护工作表的情况下仍然能够编辑这些单元格。使用密码保护要注意密码的强度，用于密码的英文字母有大小写之分。

掌握本章的学习内容，对提高工作表和表中数据的安全性有极大的帮助作用。

习题 8

1. 选择题

（1）设置“允许用户编辑区域”的命令在“__________”菜单项中。

A. 工具　　B. 表格　　C. 格式　　D. 插入

（2）设置“保护工作表”的命令在“__________”菜单项中。

A. 工具　　B. 表格　　C. 格式　　D. 插入

（3）设置“保护工作簿”的命令在“__________”菜单项中。

A. 工具　　B. 表格　　C. 格式　　D. 插入

（4）设置“设置打开权限”的命令在“__________”菜单项中。

A. 工具　　B. 表格　　C. 格式　　D. 插入

（5）利用“打开”对话框能够进行的打开操作有__________。

A. 以只读方式打开　　B. 以副本方式打开

C. 用浏览器打开　　D. 打开并修复

2. 判断题

（1）对单元格进行保护时必须先对工作表进行保护。（　）

（2）保护工作簿后，用户可以对工作簿进行删除、移动、复制等操作。（　）

（3）保护工作表后，用户不能对工作表中的数据进行编辑。（　）

（4）加密文档经复制后，密码的作用消失。（　）

（5）文档恢复功能可以帮助找回丢失的文件内容。（　）

3. 操作题

（1）创建如样例所示的工作簿，并要求工作人员可以在除“部门负责人”以外的区域录入信息，在“部门负责人”单元格区域只允许部门负责人输入信息。完成设置后，将文件保存在“我的文档”中，文件名为“练习 8-1”。

“企业预支情况”样例：

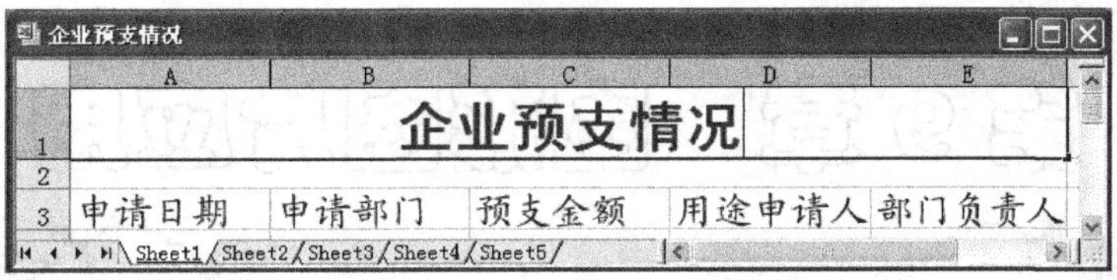

（2）将使用“学生成绩表”的用户权限设置为“只读”。

第9章 图形图片应用

Excel 2003 允许用户将各种图片插入到文档中，使文档的版面图文表并茂、形象生动，进一步增强文档的感染力和吸引力。用户不但可以在 Excel 2003 中插入系统自带的图片，还可以在文档中插入自选图形、艺术字、其他图片文件或外部设备获取的图片，选择范围相当宽泛。

任务1　使用图片

Excel 2003 允许用户将各种图片、艺术字、剪贴画插入到工作表中，形成图文表并存的工作表版面，进而增强工作表的艺术感染力。

任务描述

小张根据工作的需要制作了一个“售书统计表”，并为该工作表做了一个简单的情况说明，由于文档的版面呆板，表现力和趣味性不高，不能被其他同事接受。因此，他对表格进行了修改，形成了如样例 9-1 所示的表格。

样例 9-1：

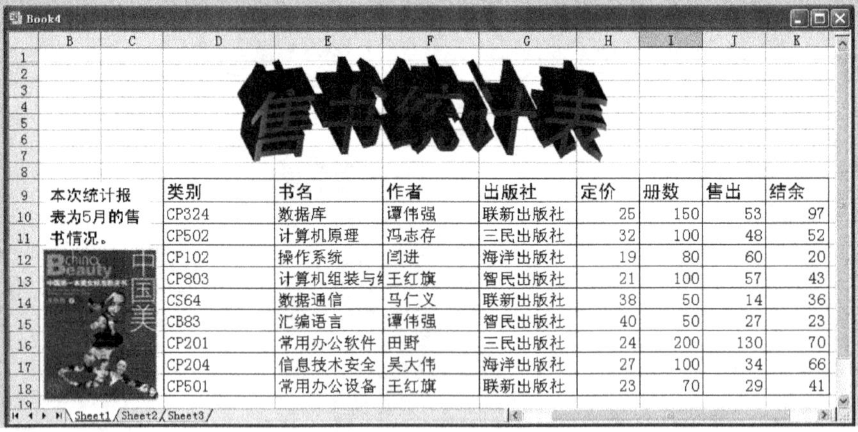

类别	书名	作者	出版社	定价	册数	售出	结余
CP324	数据库	谭伟强	联新出版社	25	150	53	97
CP502	计算机原理	冯志存	三民出版社	32	100	48	52
CP102	操作系统	闫进	海洋出版社	19	80	60	20
CP803	计算机组装与	王红旗	智民出版社	21	100	57	43
CS64	数据通信	马仁义	联新出版社	38	50	14	36
CB83	汇编语言	谭伟强	智民出版社	40	50	27	23
CP201	常用办公软件	田野	三民出版社	24	200	130	70
CP204	信息技术安全	吴大伟	海洋出版社	27	100	34	66
CP501	常用办公设备	王红旗	联新出版社	23	70	29	41

任务分析

从制作完成的样例中可以看出，要制作“售书统计表”，需要放置文本框输入说明文字、也需要插入图片、艺术字等。因此，任务操作可以考虑分解为以下过程：

插入艺术字；

设置艺术字；

插入文本框；
插入图片；
设置图片。

任务操作

1．插入艺术字

（1）打开小张制作的“销售统计表”。

（2）在工作表的上方插入空行，执行“插入”→“图片”→“艺术字”命令，打开“艺术字库”对话框，如图 9-1 所示。

图 9-1 “艺术字库”对话框

（3）在“请选择一种‘艺术字’样式”列表中选择一种合适的艺术字样式，单击“确定”按钮，打开“编辑‘艺术字’文字”对话框，如图 9-2 所示。

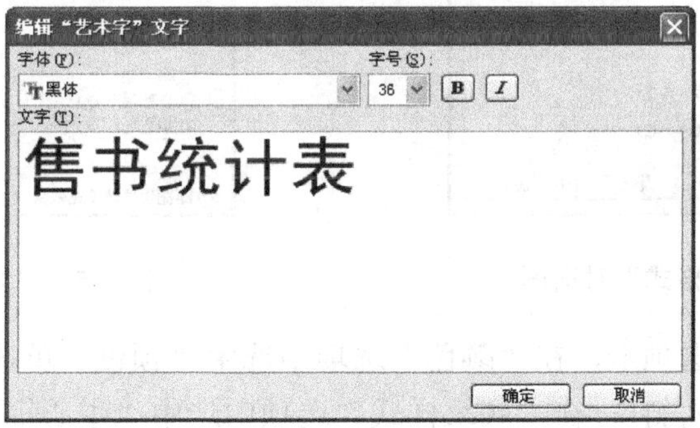

图 9-2 “编辑‘艺术字’文字”对话框

（4）输入需要设置成艺术效果的文字，如“售书统计表”，然后在“字体”下拉列表中选择“黑体”，在“字号”下拉列表中选择“36”号。

（5）单击“确定” 按钮，艺术字以图片形式插入工作表中。

2．设置艺术字

（1）鼠标指向艺术字，当鼠标指针变成四向箭头时，单击鼠标右键，弹出快捷菜单，如图 9-3 所示。

（2）选择“设置艺术字格式”选项，打开“设置艺术字格式”对话框，如图 9-4 所示。

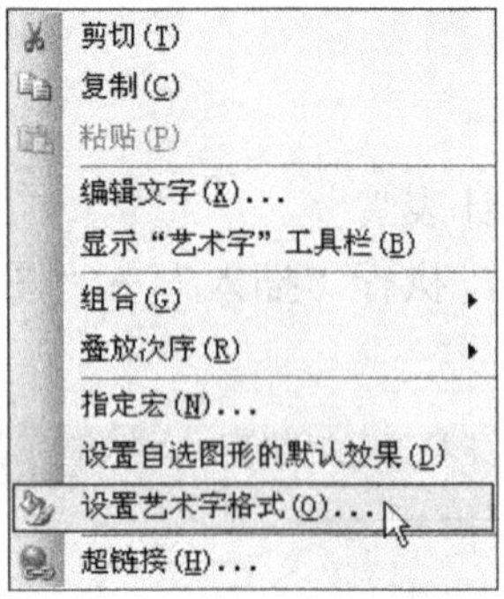

图 9-3　艺术字编辑命令

（3）选择“颜色与线条”选项卡，在“填充”选项的“颜色”下拉列表中，选择“填充效果”选项，打开“填充效果”对话框，如图 9-5 所示。

图 9-4　“设置艺术字格式”对话框

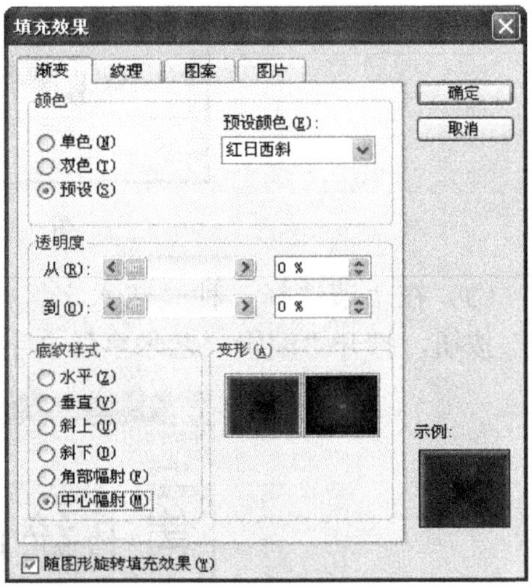

图 9-5　“填充效果”对话框

（4）选择“渐变”选项卡，在“颜色”选项中选中“预设”单选按钮，在“预设颜色”下拉列表中选择“红日西斜”；在“底纹样式”选项中选中“中心辐射”单选按钮。

（5）单击“确定”按钮，返回“设置艺术字格式”对话框。在“线条”选项中，选择“颜色”下拉列表的“深绿”；在“粗细”数值输入选择框中选择“1 磅”，设置操作如图 9-6 所示。

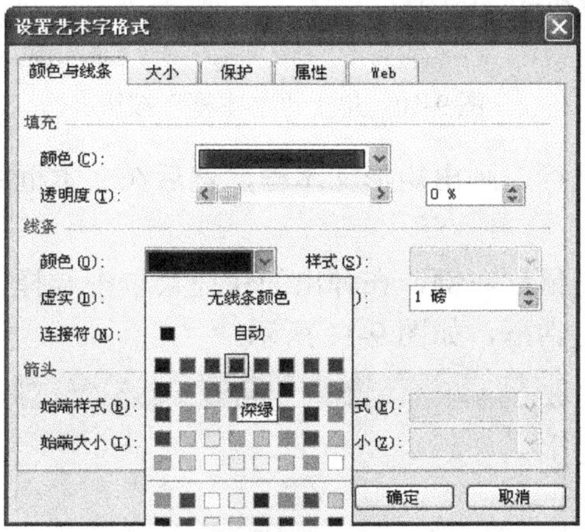

图 9-6　设置线条颜色、粗细

（6）单击“确定”按钮，返回工作表。

（7）单击“艺术字”工具栏上的“艺术字形状”按钮，在打开的下拉列表中选择“两端近”艺术字形状，改变艺术字的形状，如图 9-7 所示。

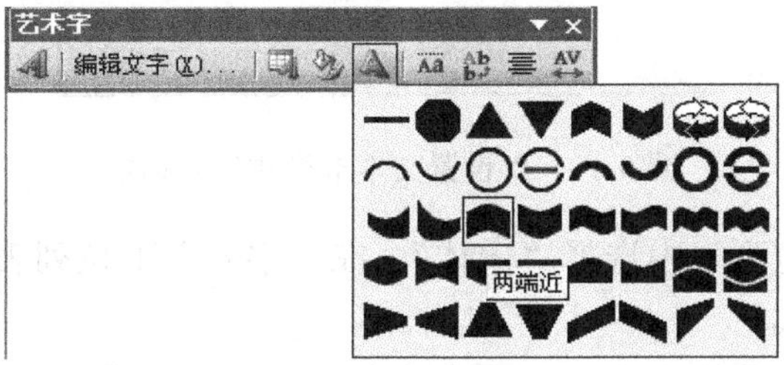

图 9-7　改变艺术字形状

提示：选中艺术字后，艺术字四周出现控点，拖动控点也可以改变艺术字的位置、大小、形状等。

（8）单击“绘图”工具栏上的“三维效果样式”下拉按钮，打开“三维效果样式”下拉列表，选择“三维样式 2”选项，可以给艺术字添加三维效果，如图 9-8 所示。

（9）单击“绘图”工具栏上的“三维效果样式”下拉按钮，选择“三维设置”选项，打开“三维设置”工具栏，如图 9-9 所示，单击其中的工具按钮可以调整艺术字的效果。

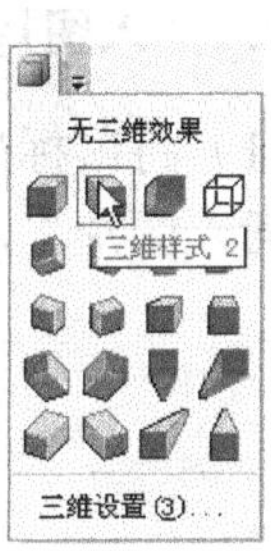

图 9-8　添加三维效果

图 9-9　“三维设置”工具栏

3. 插入文本框

（1）单击“绘图”工具栏上的“文本框”按钮，使鼠标指针变成上下不对称的“十”字形，如图 9-10 所示。

图 9-10　单击“文本框”按钮

（2）在工作表中拖动鼠标，画出矩形文本框，然后在文本框中输入如样例 9-1 所示的说明信息。

（3）选中文本框，单击鼠标右键，在弹出的快捷菜单中选择“设置文本框格式”命令，打开“设置文本框格式”对话框，如图 9-11 所示。

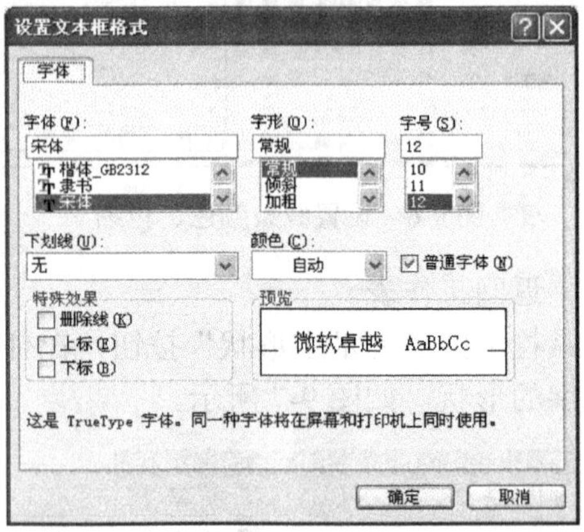

图 9-11　“设置文本框格式”对话框

（4）在“字体”下拉列表中选择“宋体”，在“字号”下拉列表中选择“12”，单击“确定”按钮，改变文字格式。

提示：删除文本框只需要先选中要删除的文本框，然后再按【Delete】键。

4．插入图片

（1）将鼠标指针置于文本框的下方，执行“插入”→“图片”→“来自文件”命令，打开“插入图片”对话框，如图 9-12 所示。

图 9-12　“插入图片”对话框

（2）单击“查找范围”下拉按钮，在下拉列表中选择图片的保存位置，显示图片信息。

（3）选中要插入的图片，单击“插入”按钮，在工作表中即可看到插入的图片。

5. 设置图片

（1）选中插入的图片，将鼠标指针移至图片上，拖动鼠标将图片移动到恰当的位置。将鼠标指针移至图片的尺寸控点上，当鼠标指针变成双向箭头时，拖动鼠标即可调整图片的大小。

（2）执行“视图→工具栏→图片”命令，显示“图片”工具栏，如图 9-13 所示。

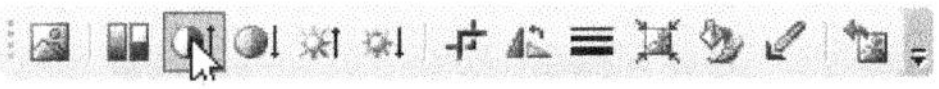

图 9-13　“图片”工具栏

（3）单击“图片”工具栏上的“增加对比度”按钮，可以增加图片中各种颜色和景物的对比度。

6. 思考并回答以下问题

（1）怎样才能将外设中的图片插入工作表中？

（2）如何才能使图片和表格有机融合？

任务小结

通过执行“插入→图片”命令，可以将各种图片、艺术字、文本框和剪贴画插入到文档中，使文档的版面图文表并茂，进一步增强文档的感染力。插入到工作表中的图片和艺术字浮动在工作表上，要想彼此恰当配合，必须充分使用图片设置命令。当然，使用图片也可以掩盖表格数据，达到隐藏重要数据的目的。

任务 2　使用自选图形

利用 Excel 2003 系统的自选图形工具可以绘制自选图形，利用组合功能也可以将绘制的图形组合成复杂的形状，Excel 强大的自选图形功能完全能够满足不同场合的应用需求。

任务描述

小张的单位要招聘工作人员，为了方便应聘者了解网络报名工作流程，他制作了如样例 9-2 所示的“应聘者网络报名流程图”。

样例 9-2:

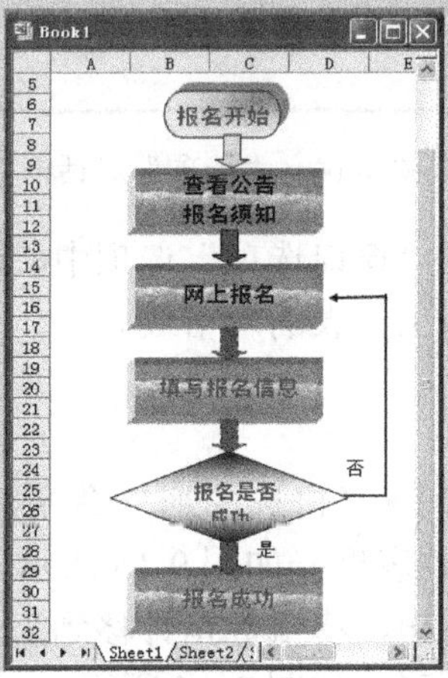

任务分析

从样例可以看出，小张制作的“应聘者网络报名流程图”由图形和文字组成，整个流程图放置在没有网格线的工作表中，其中的图形经过了修饰。因此，任务操作可以考虑分解为以下过程：

取消网格线；
插入自选图形；
组合自选图形；
设置自选图形的颜色、纹理；
设置自选图形的图片、图案效果；
设置自选图形的阴影、三维效果；
添加和设置自选图形的文本内容。

任务操作

1．取消网格线

（1）启动 Excel 2003，新建一个工作簿。

（2）执行“工具”→“选项”命令，打开“选项”对话框，如图 9-14 所示。

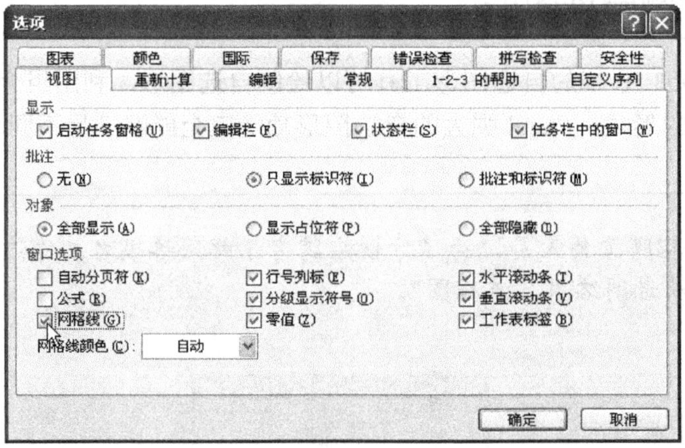

图 9-14 “选项”对话框

（3）选择“视图”选项卡，在“窗口选项”选项中取消对“网络线”复选框选择。

（4）单击“确定”按钮，取消工作表的网格线。

2．插入自选图形

（1）执行“插入”→“图片”→“自选图形”命令，打开“自选图形”工具栏，单击“流程图”按钮，打开“流程图”列表框，如图 9-15 所示。

（2）单击“流程图：终止”按钮，将鼠标指针移到工作表中，鼠标指针自动变为“十”字形状，拖动鼠标绘制一个椭圆图形，如图 9-16 所示。

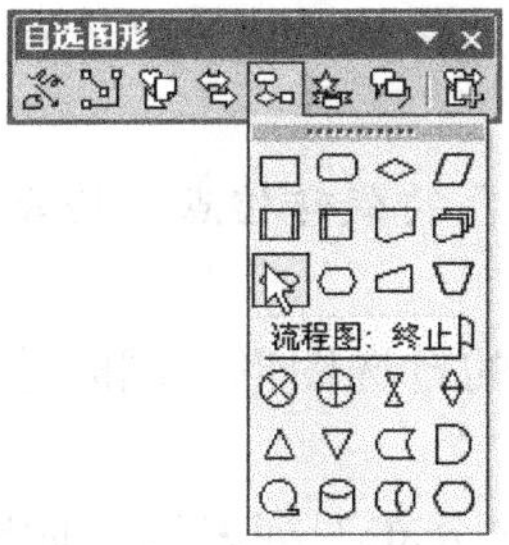

图 9-15 “自选图形”工具栏

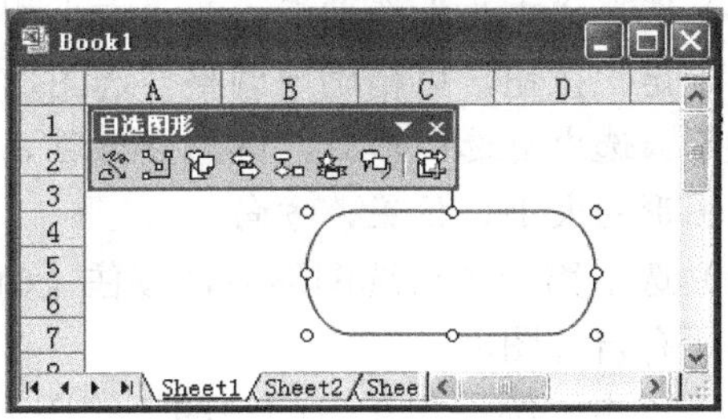

图 9-16 绘制椭圆图形

（3）单击“自选图形”工具栏中的“箭头总汇”按钮，打开“箭头总汇”列表框，如图 9-17 所示。

（4）单击“下箭头”按钮，将鼠标指针移到工作表中，鼠标指针会自动变为“十”字形状，将鼠标指针指向椭圆图形的下方，拖动鼠标绘制出一个“下箭头”图形，如图 9-18 所示。

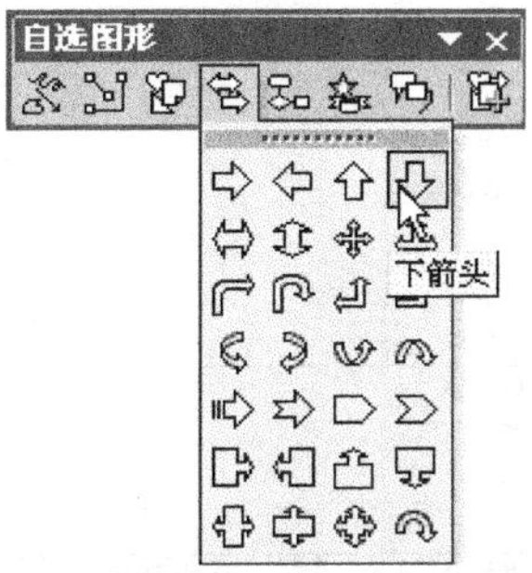

图 9-17 “箭头总汇”列表框

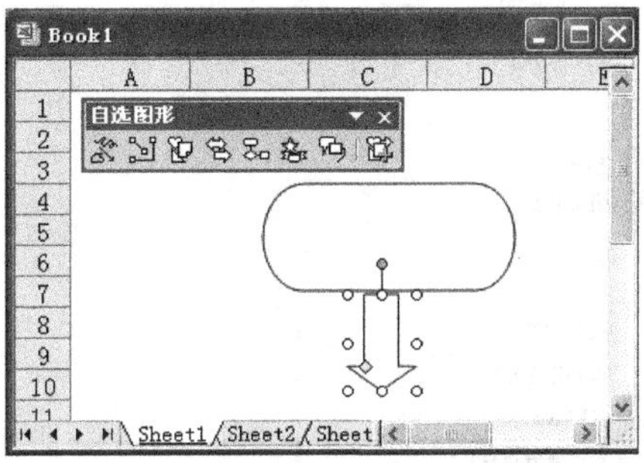

图 9-18 绘制“下箭头”图形

（5）按照类似的方法在工作表中插入样例中的其他图形。

提示：在工作表中绘制一个自选图形后，如果还需要绘制一个相同的图形，则可以采用复制、粘贴的方法。如果绘制的图形有误，可按照删除一般图形的步骤将其删除。

3. 组合自选图形

（1）选中自选图形，单击鼠标右键，弹出快捷菜单。

（2）选择“设置自选图形格式”选项，打开“设置自选图形格式”对话框，如图 9-19 所示。

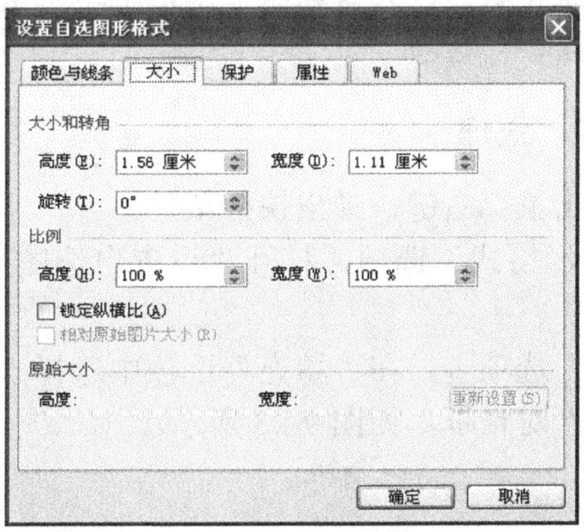

图 9-19 “设置自选图形格式”对话框

（3）选择“大小”选项卡，在“大小和转角”选项中输入自选图形的高度和宽度数值，单击“确定”按钮，可精确地调整自选图形的大小。

提示：选中自选图形后，四周会出现 8 个尺寸控点和一个绿色的旋转控点，拖动控点可以改变图形的大小、位置、方向。

（4）选中第一个自选图形后，按住【Ctrl】键依次单击其他的自选图形，同时选中工作表中的所有自选图形。

（5）单击“绘图”工具栏中的“绘图”按钮，打开“对齐或分布”列表框，如图 9-20 所示。

（6）选择“水平居中”选项，选中的自选图形按照水平居中的方式进行排列。

（7）鼠标指针指向选中的自选图形，单击鼠标右键，弹出快捷菜单，如图 9-21 所示。

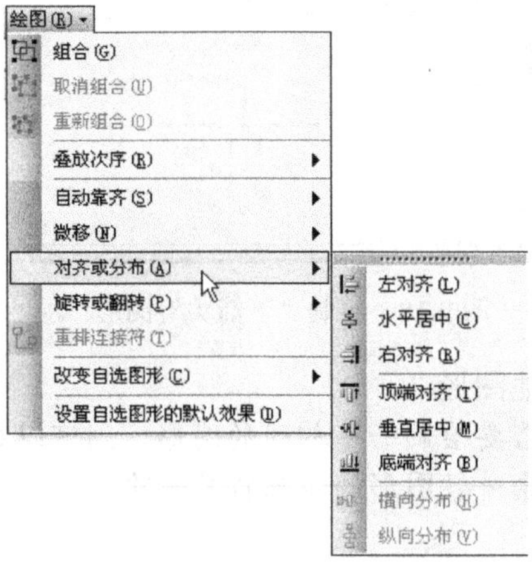

图 9-20　“对齐或分布”列表框

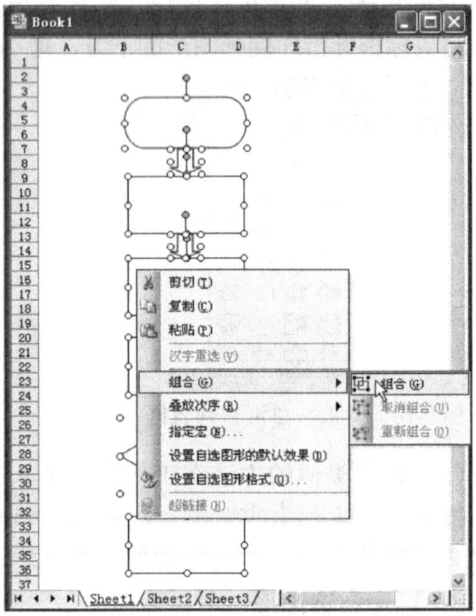

图 9-21　组合自选图形

（8）执行“组合”→“组合”命令，选中的自选图形被组合成一个整体。

提示：取消自选图形的组合状态，只需在组合图形上单击鼠标右键，在弹出的快捷菜单中选择“组合”项的“取消组合”选项。

4．设置自选图形的颜色、纹理

（1）选中椭圆图形，单击鼠标右键，弹出快捷菜单。

（2）选择“设置自选图形格式”选项，打开“设置自选图形格式”对话框，如图 9-22 所示。

（3）选择“颜色与线条”选项卡，在“填充”选项中选择“颜色”下拉列表的“填充效果”选项，打开“填充效果”对话框，如图 9-23 所示。

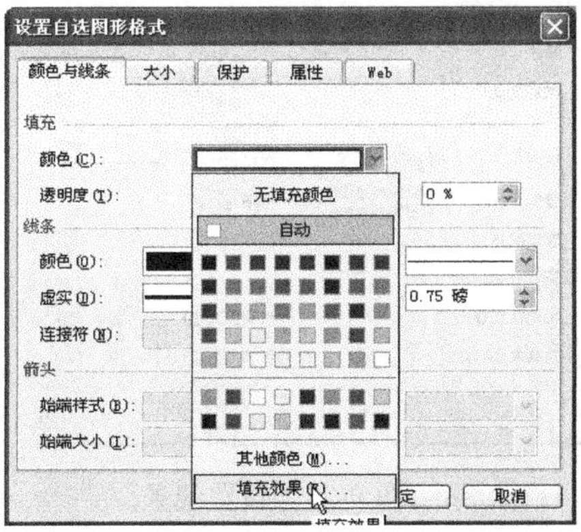

图 9-22　“设置自选图形格式”对话框

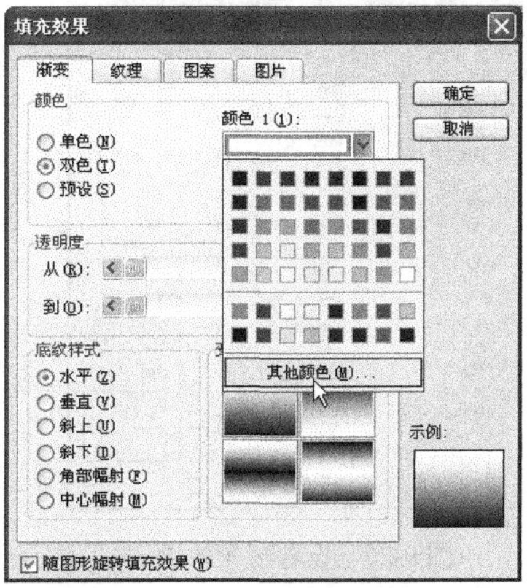

图 9-23　“填充效果”对话框

（4）选中“颜色”选项中的“双色”单选按钮，选择“颜色 1”下拉列表中的“其他颜色”选项，打开“颜色”对话框，如图 9-24 所示。

（5）在“颜色”对话框的“标准”选项卡中选择一种合适的颜色。

（6）单击“确定”按钮，返回“填充效果”对话框，单击“颜色 2”下拉按钮，选择一种合适的颜色，如图 9-25 所示。

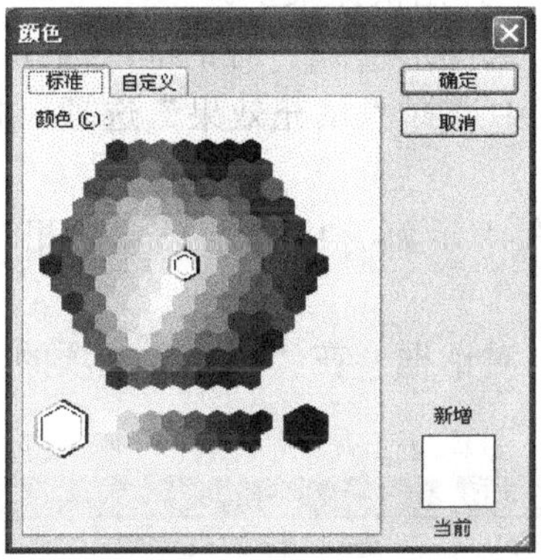

图 9-24　“颜色”对话框

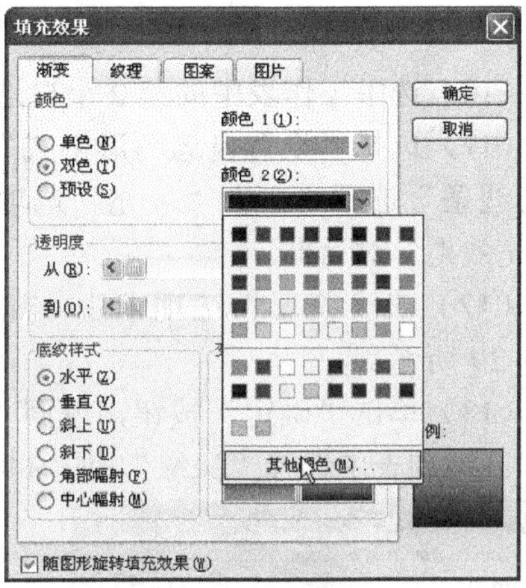

图 9-25　设置“颜色 2”

（7）选中“底纹样式”选项中的“角部辐射”单选按钮，在“变形”选项中选择一种变形样式，对话框中的“示例”显示设置的渐变效果，如图 9-26 所示。

（8）单击“确定”按钮，返回“设置自选图形格式”对话框，单击“线条”选项中的“颜色”下拉按钮，在列表中选择一种合适的颜色，在“虚实”下拉列表中选择线条样式，如图 9-27 所示。

（9）单击“确定”按钮，返回工作表，可看到被选中的自选图形添加了渐变效果，如图 9-28 所示。

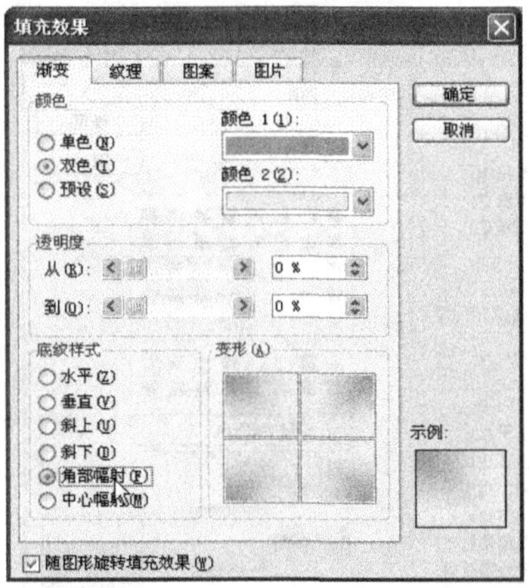

图 9-26　设置渐变效果

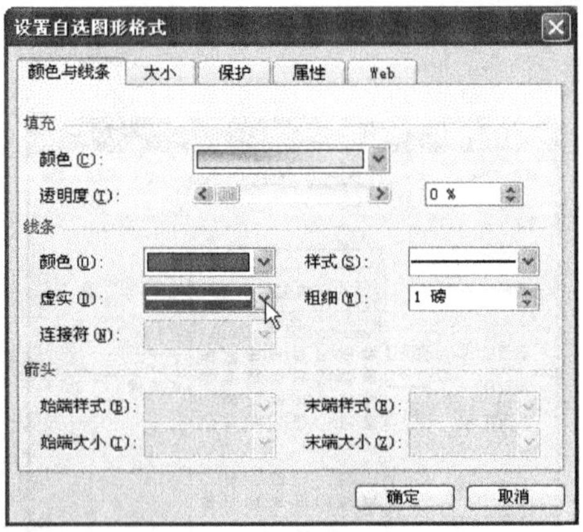

图 9-27　设置线条

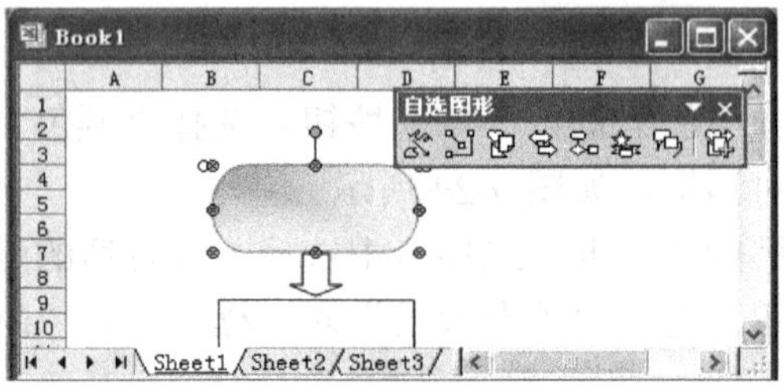

图 9-28　渐变效果图

（10）选中工作表中的第 2 个自选图形，单击鼠标右键，弹出快捷菜单。

（11）选择“设置自选图形格式”选项，打开“设置自选图形格式”对话框。选择“颜色与线条”选项卡，在“填充”选项的“颜色”下拉列表中选择“填充效果”选项，打开“填充效果”对话框。

（12）在“纹理”选项卡中，选中一种纹理效果，在“示例”中显示设置效果，如图 9-29 所示。

（13）单击“确定”按钮，返回“设置自选图形格式”对话框，在“线条”选项的“颜色”下拉列表中选择“深绿”，如图 9-30 所示。

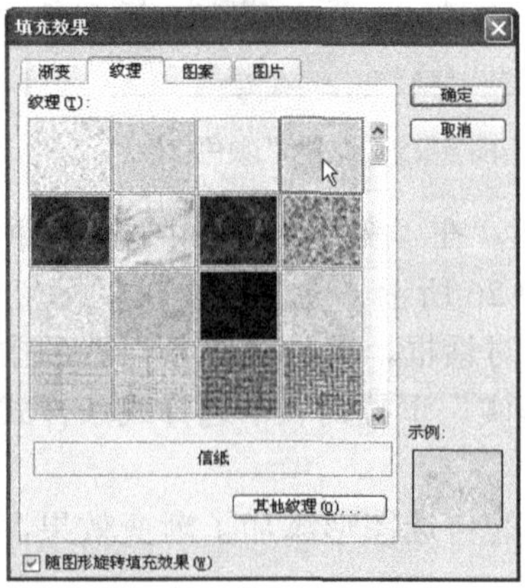

图 9-29　设置纹理

图 9-30　设置颜色

（14）单击“确定”按钮，显示自选图形的纹理效果，如图 9-31 所示。

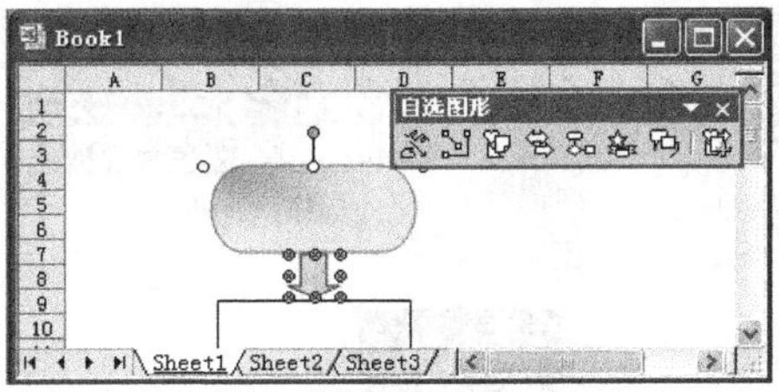

图 9-31　自选图形的纹理效果

5．设置自选图形的图片、图案效果

（1）选中第 3 个自选图形，打开“填充效果”对话框，选择“图片”选项卡，如图 9-32 所示。

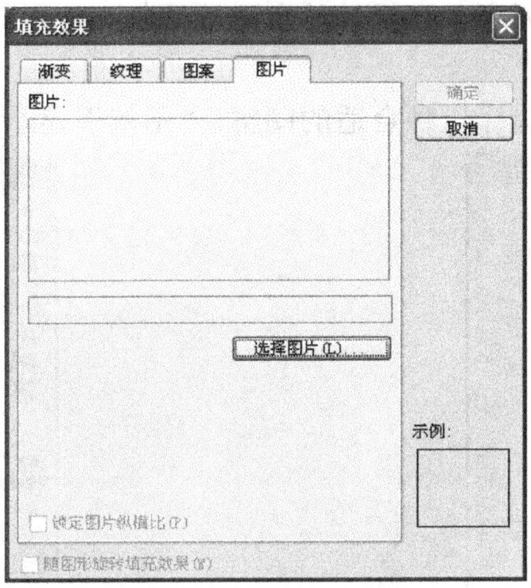

图 9-32　“图片”选项卡

（2）单击“选择图片”按钮，打开“选择图片”对话框，在“查找范围”下拉列表中选择图片保存的位置，显示图片，单击选择图片，如图 9-33 所示。

（3）单击“插入”按钮，返回“填充效果”对话框，在“图片”选项中显示选中的图片，如图 9-34 所示。

图 9-33　选择图片

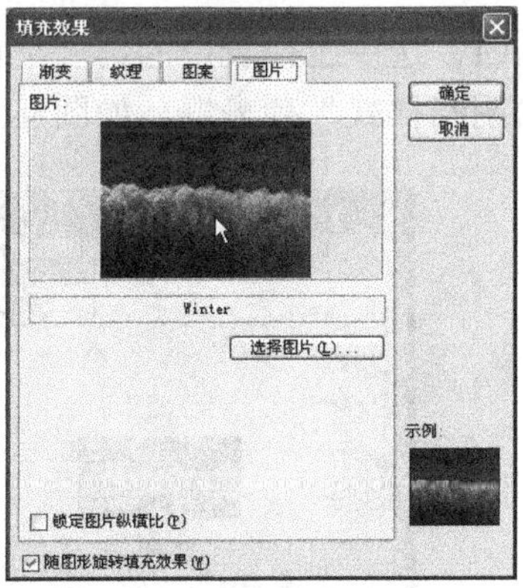

图 9-34　显示选中的图片

（4）单击“确定”按钮，选中的图片填充图形，效果如图 9-35 所示。

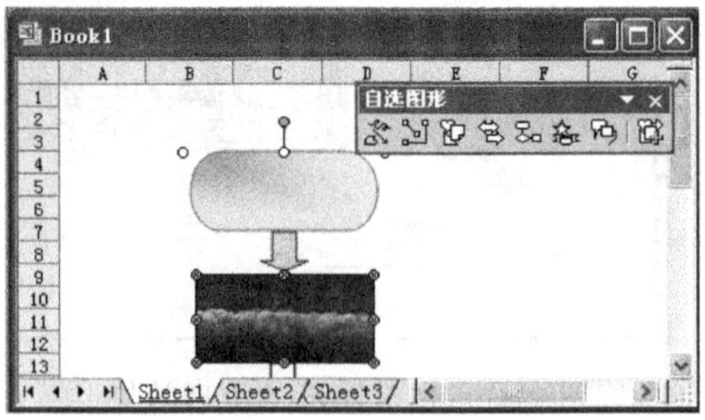

图 9-35　填充图片效果

（5）选中第 4 个自选图形，打开“填充效果”对话框，选择“图案”选项卡，如图 9-36 所示。

（6）打开“前景”下拉列表，选择一种合适的颜色；打开“背景”下拉列表，也选择一种合适的颜色。

（7）在“图案”选项中选择一种合适的图案，“示例”显示设置效果，如图 9-37 所示。

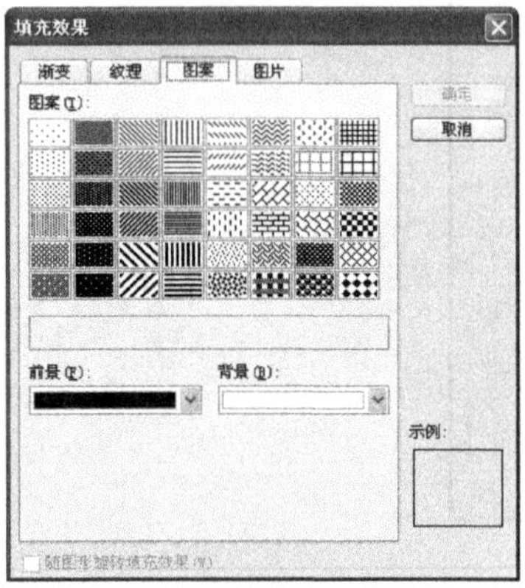

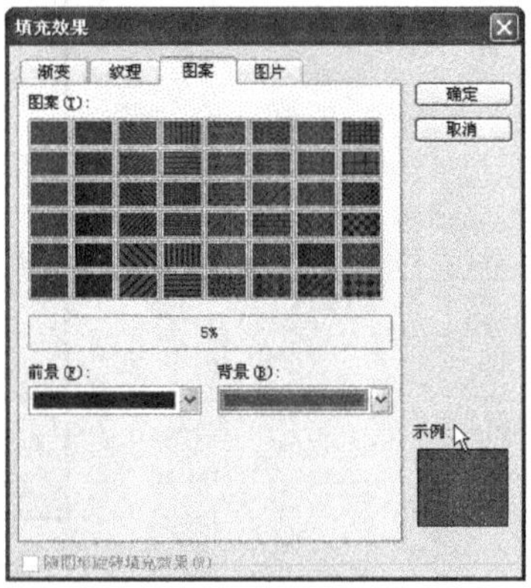

图 9-36　“图案”选项卡　　图 9-37　图案设置效果

（8）单击“确定”按钮，图案填充选中图形，效果如图 9-38 所示。

6．设置自选图形的阴影、三维效果

（1）选中工作表中的第一个自选图形，单击“绘图”工具栏中的“阴影样式”按钮，打开“阴影样式”列表框，如图 9-39 所示。

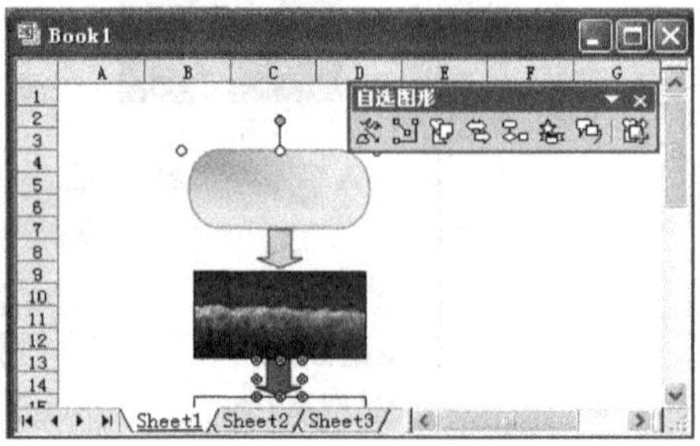

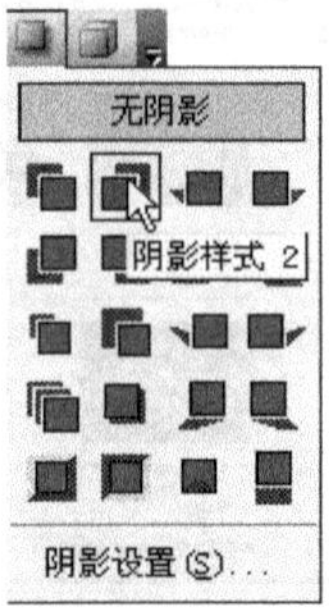

图 9-38　图案填充效果　　图 9-39　“阴影样式”列表框

（2）单击“阴影样式 2”按钮，选中的阴影样式添加到自选图形中，效果如图 9-40 所示。

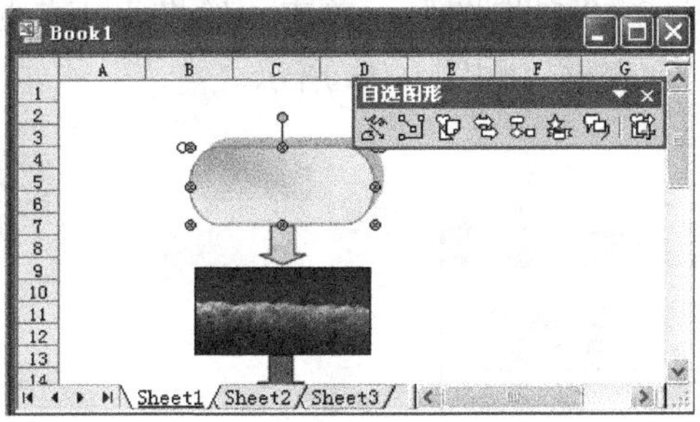

图 9-40　阴影效果

（3）选中添加阴影的自选图形，单击鼠标右键，在弹出的快捷菜单中选择“设置自选图形格式”选项，打开“设置自选图形格式”对话框，选中“颜色与线条”选项卡，在“填充”选项的“透明度”数字输入选择框中输入“50%”，如图 9-41 所示。

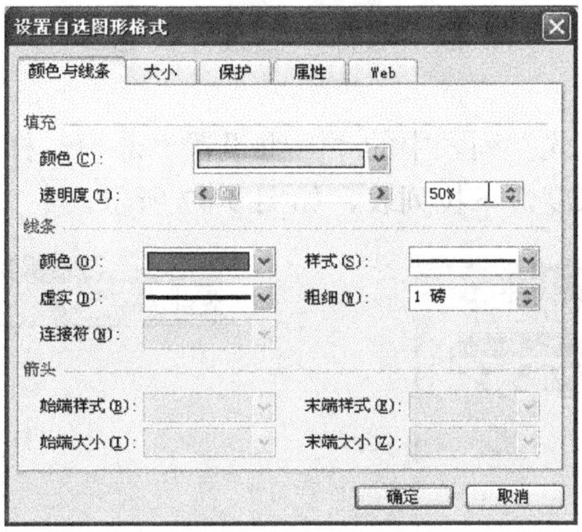

图 9-41　设置透明度

（4）单击“确定”按钮，返回工作表，选中图形的透明度发生变化，效果如图 9-42 所示。

（5）选择“阴影样式”列表中的“阴影设置”选项，打开“阴影设置”工具栏，单击“阴影颜色”的下拉按钮，打开“阴影颜色”下拉列表框，如图 9-43 所示。

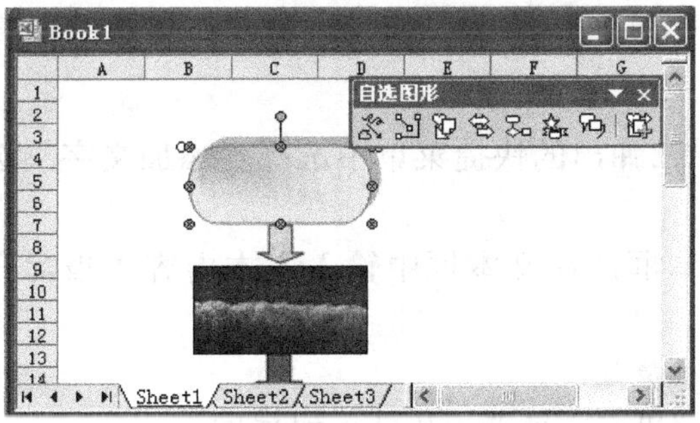

图 9-42　设置阴影透明度后的效果

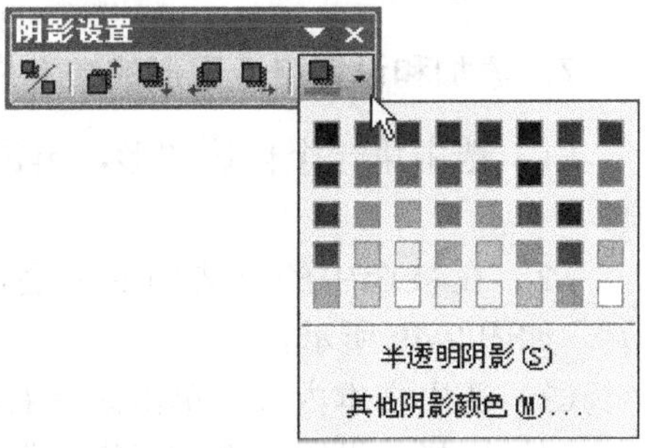

图 9-43　“阴影颜色”下拉列表框

（6）在下拉列表框中选择一种合适的颜色，阴影颜色效果如图 9-44 所示。

（7）选中工作表中的第 3 个自选图形，单击“绘图”工具栏中的“三维效果样式”按钮，打开“三维效果样式”列表框，如图 9-45 所示。

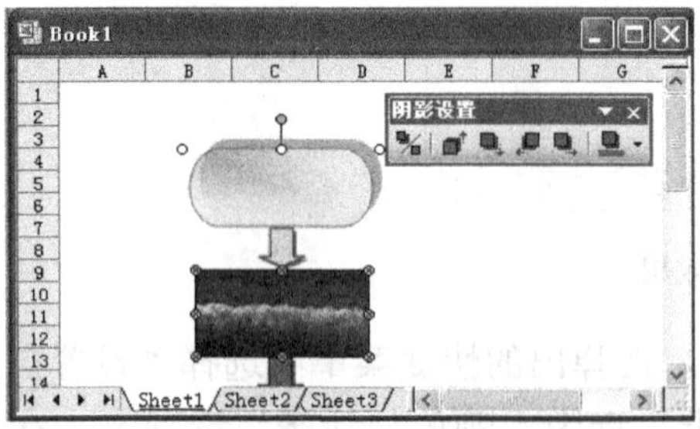

图 9-44　阴影颜色效果

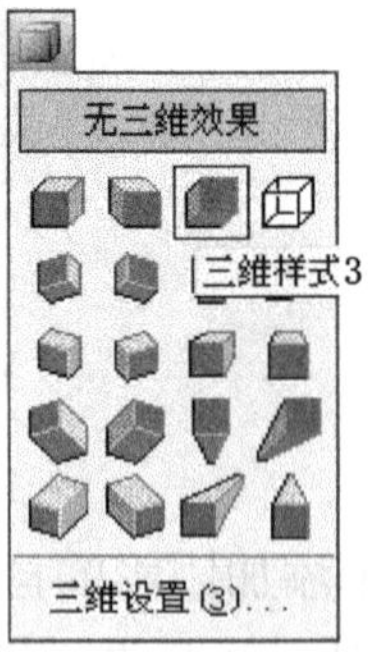

图 9-45　“三维效果样式”列表框

（8）在“三维效果样式”列表框中选择“三维样式 3”选项，改变图形的立体效果，如图 9-46 所示。

（9）选择“三维效果样式”列表中的“三维设置”选项，打开“三维设置”工具栏，单击“深度”按钮，打开“深度”下拉列表，如图 9-47 所示。

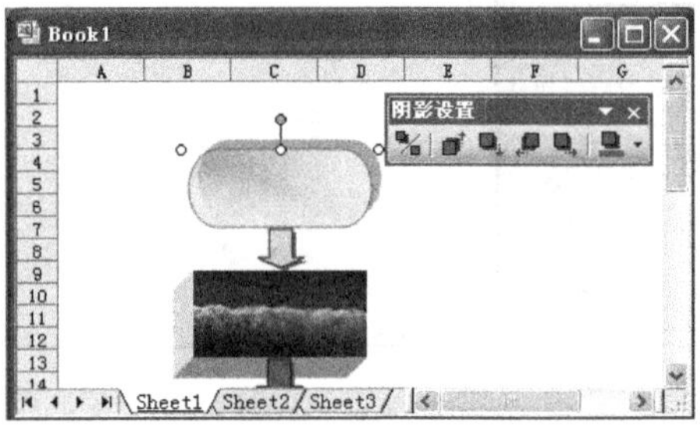

图 9-46　添加三维效果

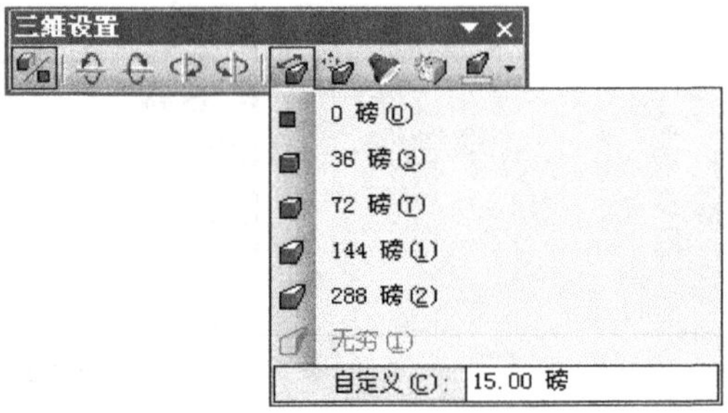

图 9-47　“深度”下拉列表

（10）在列表中选择一种合适的深度数值或在自定义文本框中输入一个合适的数值，改变深度后的三维效果如图 9-48 所示。

7．添加和设置自选图形的文本内容

（1）选中第一个自选图形，单击鼠标右键，在弹出的快捷菜单中选择“添加文字”选项。

（2）在被选中的自选图形上会出现一个文本框，在文本框中输入文本内容“报名开始”，如图 9-49 所示。

（3）选中文本内容，单击鼠标右键，弹出快捷菜单。

（4）选择“设置自选图形格式”选项，打开“设置自选图形格式”对话框。

（5）在“字号”下拉列表选择“16”，在“字体”下拉列表中选择“黑体”，在“颜色”下拉列表选择“浅蓝”，单击“确定”按钮，如图 9-50 所示。

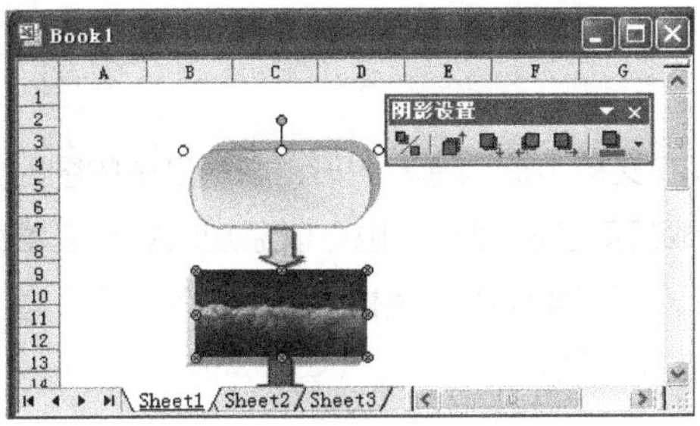

图 9-48 改变深度后的三维效果

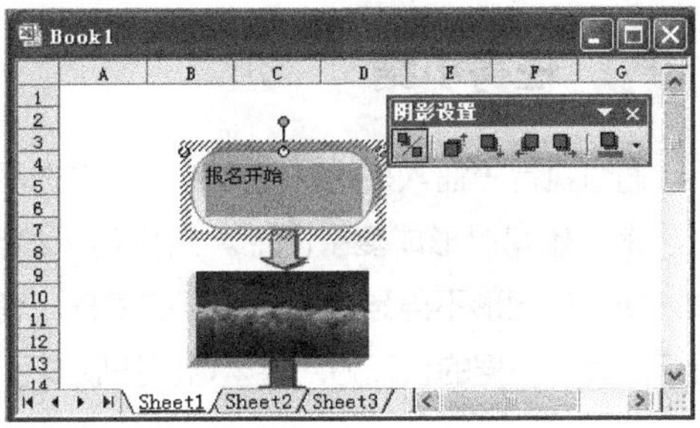

图 9-49 添加文本内容

（6）选中第一个自选图形，单击鼠标右键，弹出快捷菜单。

（7）选择“设置自选图形格式”选项，打开“设置自选图形格式”对话框，选择“对齐”选项卡，在“水平对齐方式”选项的“水平”下拉列表中选择“居中”选项，在“垂直”下拉列表中选择“居中”选项，选中“自动调整大小”复选框，如图 9-51 所示。

（8）单击“确定”按钮，文本内容居中对齐，效果如图 9-52 所示。

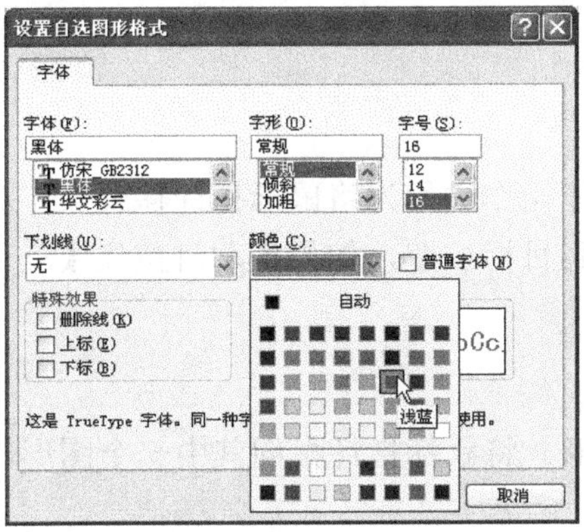

图 9-50 设置文本内容

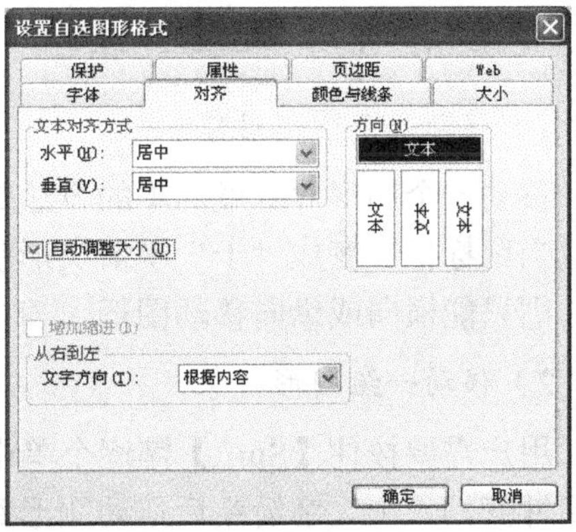

图 9-51 设置对齐方式

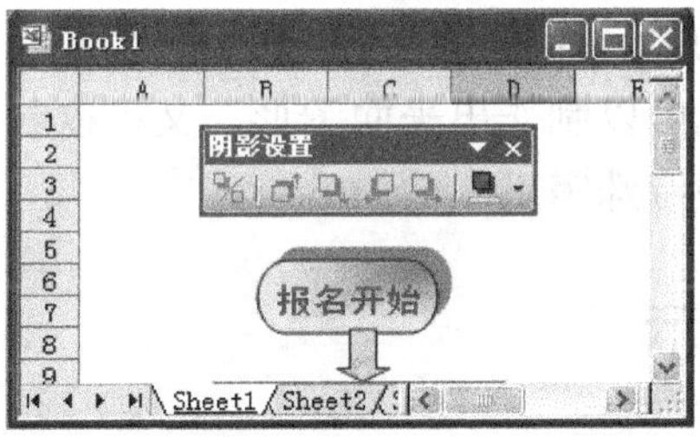

图 9-52 文本设置效果

（9）按照类似的方法依次为其他的自选图形添加相应的文本内容、设置文本格式。

8. 思考并回答以下问题

（1）精确调整自选图形可以解决哪些问题？

（2）选中自选图形的文本与选中自选图形后，都可以打开“设置自选图形格式”对话框，两者有什么区别？

任务小结

通过执行"插入"→"图片"→"自选图形"命令，可以在文档中插入基本图形，若将简单的图形组合起来，也可以形成复杂图形。用户可以给自己绘制的图形添加颜色和图案，也可以添加阴影和三维效果，使自选图形不再是简单、单调的线框。有效使用自选图形，不仅能够改变表格版面单一的问题，也能够提高表格数据的表现力，甚至可以拓展电子表格应用软件的应用范围。

知识链接

1. 文本框

文本框是文本编辑过程中存放文本内容的"容器"，它可以放置在工作表中的任意位置，并能根据需要调整大小。使用文本框可以在同一个工作表中排出两种不同方向的文字格式，如将一部分文本以水平方式排列，而另一部分文本以竖直方式排列。

2. 移动一个或一组图形对象

1）移动一个图形对象

移动一个图形对象最简单的方法是鼠标拖动，具体操作过程为将鼠标指针移到操作对象上，当鼠标指针变成"十"字箭头形状时，拖动鼠标到目标位置，如果拖动时按住【Shift】键，则只能横向或纵向移动图形。

2）移动一组图形对象

用户需要按住【Shift】键逐个单击需要移动的图形，将鼠标指针指向其中一个图形，鼠标指针变为"十"字箭头后拖动图形到目标位置。

3. 复杂图形

多个基本图形组合形成的复合图形称为复杂图形。使用 Excel 2003 提供的图形功能可以制作出任意形状的图形，既可以制作出平面图形，又可以制作出立体图形，完全能够满足用户在办公环境中遇到的各种特殊需求。

任务拓展　使用图示

图示是 Excel 2003 提供的标准图例，用户可以根据实际应用需要，在工作表中插入图示并适当修改，以最快速度完成某些制图任务。

任务描述

单位领导要求小张制作一张公司部门组织图。小张使用 Excel 2003 的图示功能，快速制作了如样例 9-3 所示的公司部门组织图。

样例 9-3:

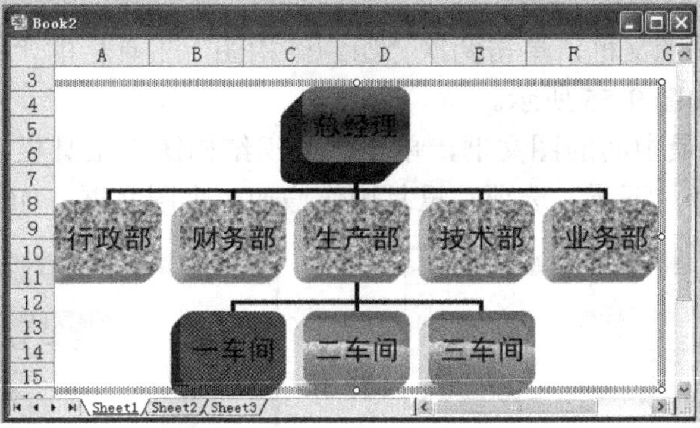

任务分析

Excel 的图示中有标准的组织图，适当进行修改可以快速完成任务，因此，小张决定使用图示绘制公司组织图，他将任务分解为以下过程：

插入图示；

添加图文框；

设置图文框。

任务操作

1. 插入图示

（1）新建一个工作簿，取消工作表的网格线。

（2）执行“插入”→“图示”命令，打开“图示库”对话框，如图 9-53 所示。

提示：图示库给出的 6 种图示有不同的作用，其中组织结构图主要用于显示层次关系；循环图主要用于显示持续循环的过程；射线图主要用于显示核心元素之间的关系；棱锥图主要用于显示基于基础的关系；维恩图主要用于显示各个元素之间的重叠区域；目标图主要用于显示实现目标的步骤。

（3）选择“组织结构图”，单击“确定”按钮，在工作表中插入组织结构图，同时显示“组织结构图”工具栏，如图 9-54 所示。

图 9-53　“图示库”对话框

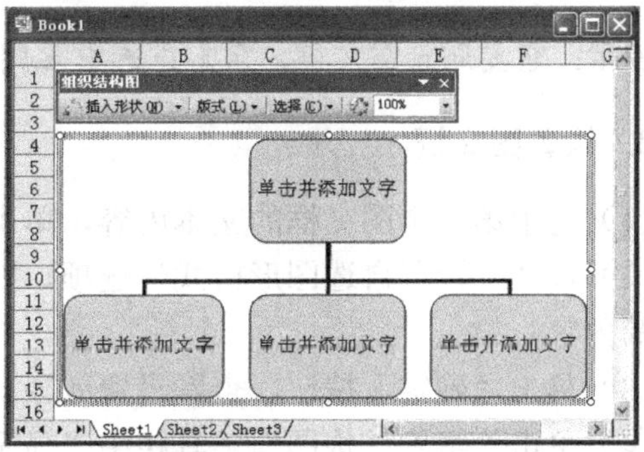

图 9-54　插入组织结构图和“组织结构图”工具栏

2．添加图文框

（1）选中最上层的图文框，单击两次“组织结构图”工具栏的“插入形状”按钮，在下层增加两个图文框，如图 9-55 所示。

（2）选中第 2 层最中间的图文框，单击“组织结构图”工具栏“插入形状”的下拉按钮，在下拉列表中选择“下属”选项，重复操作增加 3 个图文框，如图 9-56 所示。

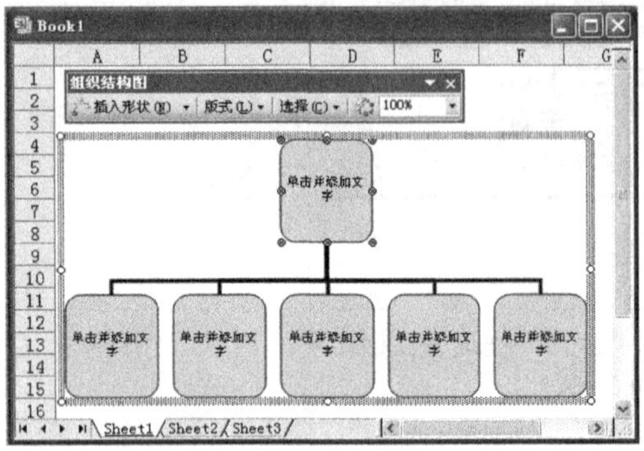

图 9-55　添加图文框的组织结构图

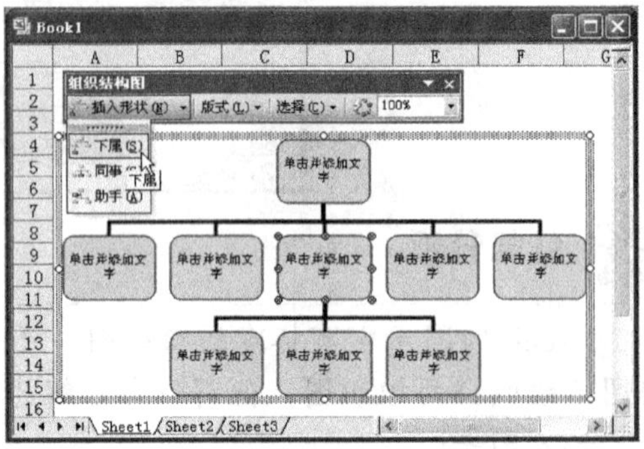

图 9-56　插入下属图文框的组织结构图

（3）单击第一个图文框，输入“总经理”，依次为其他图文框输入文本内容，输入内容的组织结构图如图 9-57 所示。

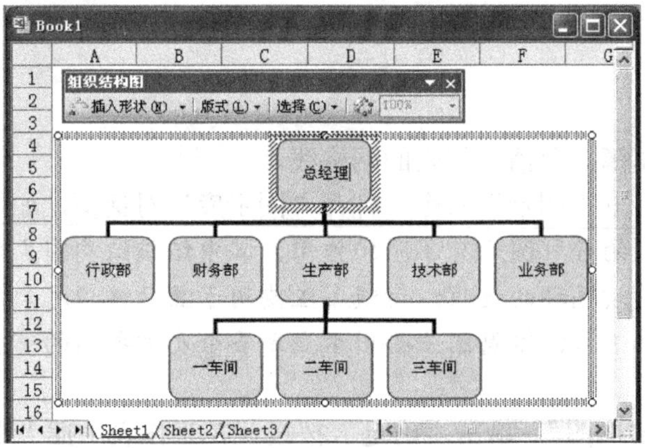

图 9-57　添加文本内容的组织结构图

提示：想要删除图文框，只需先选中要删除的图文框，再按【Delete】键即可。

3．设置图文框

（1）选中第一个图文框的文本内容，单击鼠标右键，弹出快捷菜单。

（2）选择“设置自选图形格式”选项，打开“设置自选图形格式”对话框，设置字体、字形等内容。

（3）单击“确定”按钮，查看设置效果。

（4）单击“组织结构图”工具栏中“显示比例”的下拉按钮，打开“显示比例”下拉列表框，如图 9-58 所示。

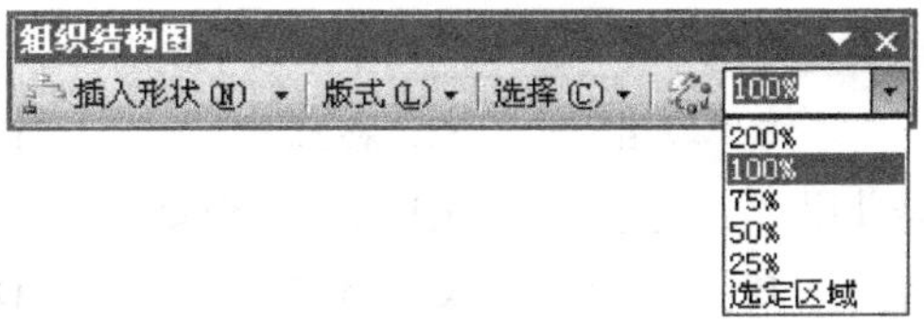

图 9-58 “显示比例”下拉列表框

（5）在下拉列表中选择“200%”，放大组织结构图。

提示：在默认的情况下用户不能改变图文框的大小和位置，要调整单个图文框的大小和位置，需要使用“组织结构图”工具栏的“版式”工具。

4. 思考并回答以下问题

（1）“组织结构图”工具栏中“插入形状”下拉列表的“助手”有什么作用？

（2）总结设置颜色、图案、阴影和三维效果的方法。

任务小结

通过执行“插入”→“图示”命令，可以在工作表中插入标准图示，快速完成制作标准图的任务。图示是系统提供的图形组合，从本质上讲与用户自己制作的图形没有区别，因此，设置操作可以移植使用。

本章小结

电子表格处理软件虽然以处理数据为主，但同时允许使用图形图像，在表格中增加图形图像可以丰富表格的视觉效果，提升表格的表现力。用户若能熟练运用图片、艺术字和文本框，工作表版面的效果会大大改观；若能熟练绘制图形并根据需要组合图形，将扩大表格的应用范围，拓展应用空间。

图示是快速制作标准结构图的有用工具，也是应该了解的重要内容。

习题 9

1. 选择题

（1）“编辑‘艺术字’文字”对话框，为用户提供了__________操作环境。

A. 查看艺术字　　B. 选择艺术字样式

C. 编辑艺术字　　D. 添加艺术字

（2）关于文本框的描述正确的是___________。

A. 文本框的形式只有一种

B. 在同一个文本框中能够进行横向和纵向文字排列

C. 文本框能容纳图片

D. 使用文本框能够实现同一个工作表中文字不同方向排列

（3）在工作表中插入自选图形是使用“__________”菜单项中的命令。

A．工具　　B．表格　　C．格式　　D．插入

（4）在工作表中插入图示是使用“__________”菜单项中的命令。

A．工具　　B．表格　　C．格式　　D．插入

（5）“填充效果”对话框的选项卡有__________。

A．渐变　　B．插入　　C．格式　　D．颜色

（6）在工作表中取消网格线是使用“__________”菜单项中的命令。

A．工具　　B．窗口　　C．插入　　D．格式

2．判断题

（1）使用鼠标拖动移动图形时，若按住【Shift】键则只能横向移动图形。（　　）

（2）添加阴影和三维效果会引起图形本身的改变。（　　）

（3）使用“重新组合”命令可以将其他组合对象中的对象重新组合在一起。（　　）

（4）设置阴影可以强化图形的立体效果。（　　）

（5）在默认的情况下用户可以改变图文框的大小和位置。（　　）

3．操作题

（1）按样例制作课程表，完成后保存在“我的文档”中，文件名为“练习9-1”。

课程表样例：

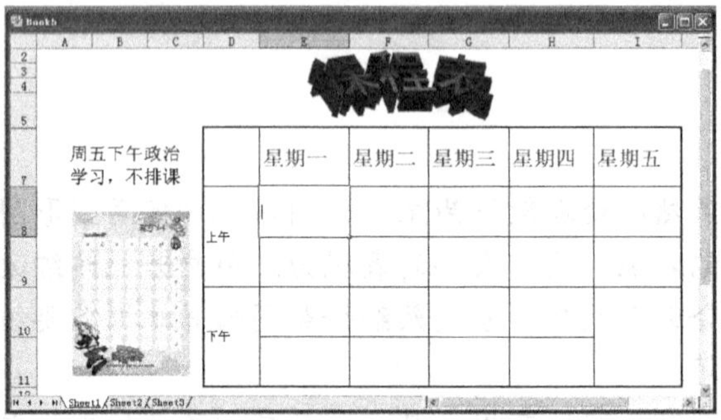

（2）按样例制作日历（图片可以任选），完成后保存在“我的文档”中，文件名为“练习9-2”。

日历样例：

反侵权盗版声明